U0124449

西方建筑史丛书

罗马式建筑

[意] 弗朗西斯卡·普利纳 著 周梦琪 译

北京出版集团公司
北京美术摄影出版社

Original Title Storia dell'architettura Romanica
Text by Francesca Prina

图书在版编目（CIP）数据

罗马式建筑 /（意）弗朗西斯卡·普利纳著 ；周梦琪译. — 北京 ：北京美术摄影出版社，2019.2
（西方建筑史丛书）
ISBN 978-7-5592-0199-7

Ⅰ. ①罗… Ⅱ. ①弗… ②周… Ⅲ. ①罗马式建筑史—欧洲 Ⅳ. ①TU-098.2

中国版本图书馆CIP数据核字(2018)第239204号

北京市版权局著作权合同登记号：01-2015-4552

责任编辑：耿苏萌
助理编辑：刘慧玲
责任印制：彭军芳

西方建筑史丛书

罗马式建筑

LUOMASHI JIANZHU

［意］弗朗西斯卡·普利纳　著

周梦琪　译

出　版　北京出版集团公司
　　　　北京美术摄影出版社
地　址　北京北三环中路 6 号
邮　编　100120
网　址　www.bph.com.cn
总发行　北京出版集团公司
发　行　京版北美（北京）文化艺术传媒有限公司
经　销　新华书店
印　刷　鸿博昊天科技有限公司
版印次　2019 年 2 月第 1 版第 1 次印刷
开　本　787 毫米 × 1092 毫米　1/16
印　张　9
字　数　180 千字
书　号　ISBN 978-7-5592-0199-7
审图号　GS（2018）4517 号
定　价　99.00 元
如有印装质量问题，由本社负责调换
质量监督电话　010-58572393

目录

*本书地图系原书插图

引言

11 世纪和 12 世纪上半叶是欧洲历史上充满激进变革和狂热活动的时代。经历了 1000 年的焦急等待和对人类历史命运终结的忧虑，欧洲大陆在交流联系和经济文化方面都呈现出蓄势待发的革新气息。坚定不移的现代化进程不仅推动了农业发展（得益于农具和三年轮作系统的根本改善，耕地得到了良好利用，耕地面积也显著扩张），也促进了城市居民区的发展。居民人口随之增加，新的政治和社会秩序逐渐确立。与此同时，各个国家在建筑方面呈现出具有相似特质的罗马式艺术风格。经历了几个世纪的分裂和战争，西欧中部各国再次达成整合统一的共识。1000 年的伊斯兰教国家，科学技术和生活条件都达到了先进水平，超越了当时的西欧众国，其影响力也逐渐蔓延至包括西西里岛和西班牙在内的地中海地区。此外，西欧合力共识的达成还受到其他因素的影响：1054 年罗马教会和东正教会的分裂，陆路货物流通和思想交流的恢复，以及随着第一批大学建立（最早始于博洛尼亚大学）而复兴的世俗公共文化等。一种普遍而简单的观点认为，罗马式是乡村小教堂的理想风格，就是那种石头堆砌的简单而无修饰、神秘而孤独的小教堂。而事实恰恰相反，欧洲范围内的罗马式建筑大多是高大华丽、结构复杂的楼宇，从英国到德国，从西班牙到法国，从意大利各个大区到遥远的斯堪的纳维亚半岛，皆是如此。基于坚固材料和远古技术建造而成的罗马式建筑首先给人的是一种稳定、安全和力量的印象。随着时间的推移，罗马式建筑逐渐倾向于具体化表现欧洲历史新千年的三大中心理念：帝国、教会和城邦。

9 世纪初，查理曼大帝创立神圣罗马帝国，欧洲大陆的政治格局基本形成。之后几代德意志皇帝再次复兴帝国，逐渐使之成为强大的西方基督教的行政架构。德意志帝国大教堂的结构就是所谓的“双头平面图”，设有两个相对的唱诗台，分别预留给宗教权威（主教）和国家权威（皇帝）。

为了与帝权统治相抗衡，教会的神权和政权都得到了极大的推崇，罗马教皇获得极高的地位，主教廷及修道院也在领土范围内密集分布。由于基督

4页图

圣母院教堂内部，约1015年，贝尔奈，法国

最早的罗马式建筑之一，位于法国诺曼底地区，虽然长时间未受重视，但因其独树一帜的创新性，教堂的大部分建筑特征都得以保留，势必会形成盎格鲁－诺曼底的罗马式建筑的独有风格。

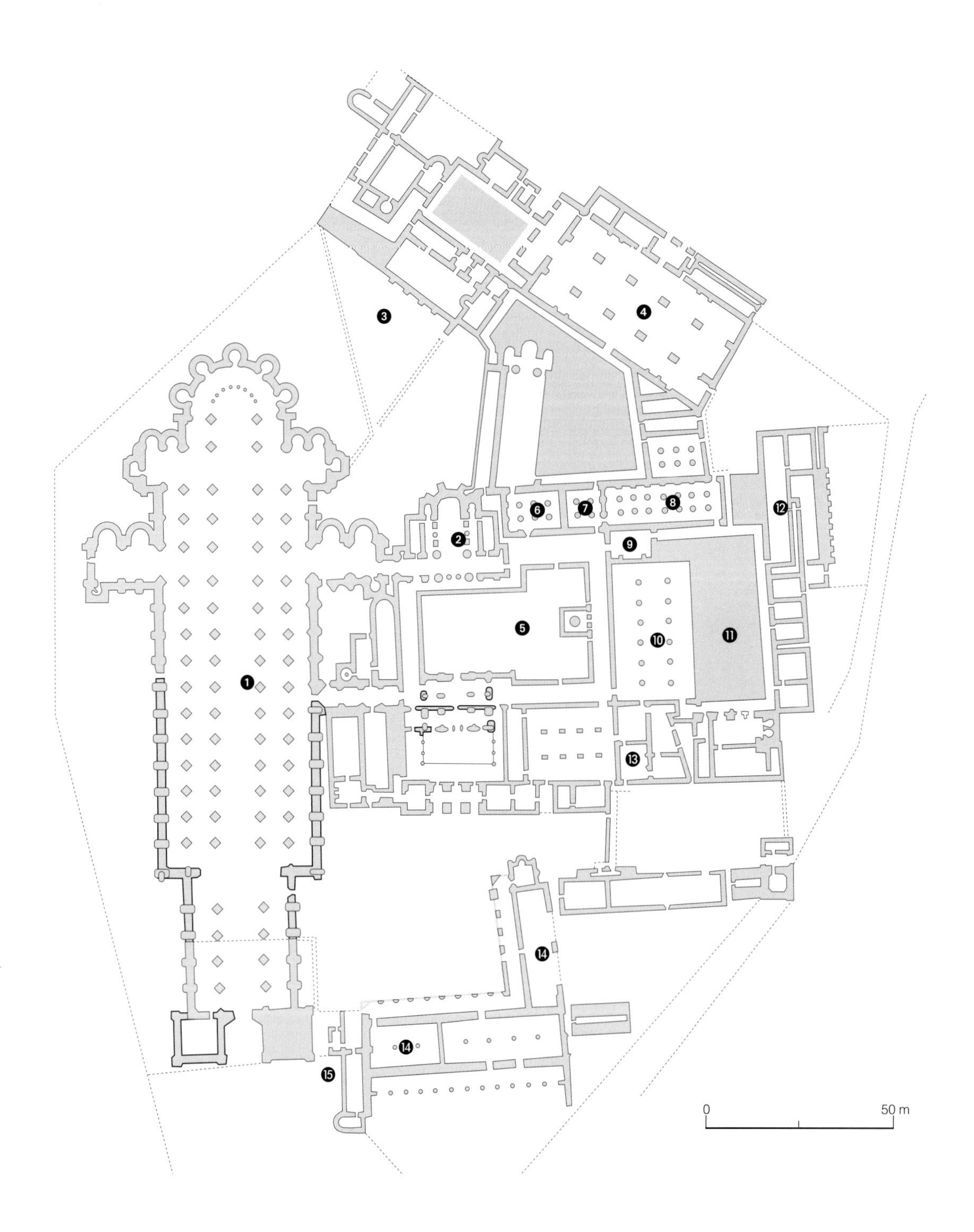

法国克吕尼修道院平面图

①第三教堂（克吕尼三世）
②第二教堂（克吕尼二世）后殿
③墓室
④医务室
⑤庭院
⑥参事会堂
⑦会客室
⑧僧徒宿舍
⑨取暖房
⑩饭厅
⑪见习修士庭院
⑫浴室
⑬厨房
⑭招待所
⑮大门

教会是根据支持主教和修道的“改革派”思想而重建的，这就直接引起了修道会的不断壮大：自12世纪初起，西多会新会谨遵本笃会传统教规（以“祈祷与劳作”的箴言为核心），取得了前所未有的成功。这些规模较大的修道院逐步成为欧洲中世纪时期最主要的经济政治中心：它们受到较好的保护，成为民众赖以生存的栖息地。人们围绕着修道院进行生产活动，逐渐形成一个个自给自足的小城市。修道院院长则管理着广袤的土地和丰厚的收益：在此基础上，修道院又得以不断地扩张和壮大，直至达到空前宏伟的规模。修道院教堂的正大门、回廊的柱顶、唱诗台座位、祭礼用品、各类贵重物品和珍宝文物便构成了欧洲罗马式艺术特有的风貌。其中最著名的就是法国克吕尼修道院，曾经一度发展到令世人惊叹的规模：如今留存下来的虽然只是其中一部分，但它仍然是罗马式建筑辉煌和威严的最好证明。

随着1000年之后的贸易复苏，众多城市的住房和城市发展都发生了巨大的变化，尤其是解除了市场关税和税款的城市。一些重要城市因而要求获得皇权统治之外的一定的自治权，与此同时，各地的主教名义上臣服于教皇，实际上也都纷纷开始建立当地的宗教权威。

6页图

法国克吕尼修道院，1157年的平面图

整个修道院，除了教堂外还包括一大片排列不甚有序的屋宇，一部分供僧人们居住和生活，另一部分作为农业生产的活动区域。经过几个世纪的演变，这片房屋在法国大革命中先后被拆毁：摇摇欲坠的克吕尼修道院就是旧的社会秩序走向灭亡的例证。修道院经历了三次重建，如今在博物馆中仅存有少量的建筑遗迹和雕塑作品，其中包括一些唱诗台的柱顶。第三教堂（克吕尼三世教堂）的平面图中设有五大殿，为增加容量而建的双耳堂，带有半圆形教堂式回廊的唱诗台，宽敞的前廊（基督教古代礼仪中慕道者和忏悔者站立的拱廊，一般建于教堂入口处）和各种各样的塔楼。

罗马式、“浪漫”和古罗马：新的时代与古代的记忆

“罗马式”一词最初是由19世纪法国研究中世纪的历史学者和考古学家所创造的，用来定义11世纪和12世纪在西欧涌现出的一种新的造型艺术风格，区别于之前加洛林王朝和奥托王朝时期（8—10世纪）帝国艺术推动下的“复兴”风格和后期兴起的“哥特”风格。

“罗马式”与“浪漫”来源于同一个拉丁语词根，因此“罗马式”一词的出现也同样推动了“浪漫”式的语言和文学的同步发展，突出了罗马式建筑风格的主要特点之一：地区与地区间建筑表现形式虽各不相同，但同样都是以古罗马时期的建筑模型和建筑方法作为参照。尽管这一时期主要省份的罗马式建筑都带有一定的地方色彩，但他们在古罗马技术和古代建材再利用方面的探索和研究却是极其一致的。这里需要区分两种不同的建筑方法，一种是“掠夺式”的（di spoglio），也就是直接把古代建筑材料搬移到新位置重新建造，另一种则是运用新材料建造，但是参照的是古罗马时期的风格、图样和主题。

在中世纪前期，回收利用古代建材的基本目的主要是省工省时，到了罗马式建筑时期，材料的再利用更多是出于有意选择。“掠夺式”建材由于它的艺术品质和政治意义，一般都被置于相对重要的位置。综观中世纪时期的建筑艺术，很多宗教建筑在结构（如圆柱）和装饰等建筑部位上，都重复使用了古罗马时期的大理石：这样的一种复用不仅有现实方面的原因，也有意识形态的因素，是希望借此恢复和重建一种“古典式”的环境，一种对罗马帝国时代的延续。圆柱和柱头由于易于搜罗、运输和重置而最常被回收利用，是这一时期建材复用的典型范例。在罗马式建筑时期，从古建筑物上拆

上图

科林斯式柱顶，摩德纳大教堂，11—13世纪

11世纪末期的大型罗马式雕塑作品中几乎随处可见科林斯式柱顶的运用。在其后相当长的一段时期内，掀起了模仿古典科林斯式的风潮，早期完美模仿的范例就是摩德纳大教堂大殿中的巨型柱顶，雕塑作品出自中世纪工匠作坊，很多元素都可以看出效仿科林斯雕塑的特点。

左图

圣乔万尼洗礼堂，约1070—1230年，佛罗伦萨，意大利

当时意大利中部的建筑师广泛接触到古罗马建筑的遗址和遗迹，大大促进了古老建筑模型的复兴。佛罗伦萨的洗礼堂就是受到古老建筑模型的启发，外墙装饰由几何图案拼接，由三层结构叠加而成。

下来的圆柱大多被再次利用于建造教堂、宫殿、钟楼、庭院回廊的尽头、门窗的框架以及诸如壁龛和檐棚的室内装饰。这种现象很常见，尤其是在深受罗马文化影响的国家和地区，比如意大利、法国和西班牙。对他们而言，对这些古代建材的利用就象征着他们与罗马之间的联系。罗马这座具有多重历史意义的城市，是罗马帝国时代的中心，是古典文明的缩影。

建筑工地和建筑师

城市化进程的推进和不断新建的主教教堂是建筑师、委托人、建筑工人和其他建筑相关专业人员通过复杂的集体劳动共同完成的结果。罗马式建筑时期的工地施工呈现出高度结构化的特点：各项工作的组织和分配，材料的研究和运输，根据气候季节变化合理安排的时间进度以及各个施工阶段间的相互关联在这一时期都得到了充分的发展。

罗马式建筑就是由这些施工团队的工匠们共同完成的，体现了集体的经济投入和社会理想，而实际上，这些罗马式建筑的施工团队都是没有具体名字记载的。尽管如此，我们还是可以透过建筑作品本身看到这些团队中能工巧匠们的精湛技艺。

其中比较著名的是一个由工人、泥瓦匠和雕塑家组成的施工团队，他们在欧洲范围内建造了不少罗马式大教堂及其他大型建筑和装饰，被人们称为

“科马西尼工匠”。他们中的大多数成员来自位于意大利和瑞士交界的山谷处的科莫湖和卢加诺湖，早在 7 世纪就远近闻名。团队拥有最先进的技术装备和完美的分工协作，能够独立开展和进行大规模的建筑作业。工匠们的施工活动都是基于统一的建筑风格，因而他们在意大利建造的罗马式大教堂和在其他国家建造的大教堂之间也有一定的同质性，比如他们最杰出的作品——米兰圣安布罗斯大教堂。最具特色的就是教堂正面的三角顶（所谓的“坡屋顶”）和装饰在顶部的齿形小拱，如果登上教堂一旁的钟楼，越往高处走，能看到的齿形开口就越多。1000 年，在工匠们的辛勤努力下，罗马式建筑风格在世界各地传播开来，逐渐形成了独树一帜的建筑风格。不同的国家与国家之间，无论是复杂的修道院建筑，还是主教城市的大教堂，都呈现出极其相似的建筑特征。

在分工协作管理模式下的建筑工地，建筑师的作用类似于施工组长，重视施工实践多过理论设计。尽管他们中有些人会读书写字，也熟悉几何的规则，但是在实际工作中，他们还是通过口头传达来分配其他成员的工作。随着城市资产阶级的出现，建筑活动指挥者的角色——史料中记载的大师、建筑师或工匠——发生了改变，更倾向于一种创造性和社会性的身份。因此，在 11 世纪末期，正处在城市国家时期的意大利，建筑师行业开始慢慢崛起，出现了一些关键性的历史人物，如摩德纳大教堂的设计师兰弗兰科和比萨大教堂的设计师布斯凯托。

艺术赞助

在罗马式建筑时期，视觉艺术的表现形式有着不同水平的差异，从博大精深的优秀作品到形式简化的艺术传播，而教堂本身就好像是一本巨大的插图书，信徒从其中聆听神父的布道（9 世纪兴起的俗语布道），由此来“阅读”书中对时代文化的真实总结。早期基督教会等级制度的重要性由此也可见一斑。中世纪前期的赞助人和教会一起制作的艺术作品，作为一种教化人们的图像工具，直观地诠释建造大教堂的意义。

下图

《兰弗兰科指挥工匠建造摩德纳大教堂》，羊皮纸袖珍画，12世纪，教会图书馆，摩德纳，意大利

在 12 世纪时期的碑文和手稿记载中，兰弗兰科被尊称为“mirabilis artifex, mirificus aedificator”（“非凡的工匠，卓越的建筑师”）。

当时的资料中没有任何对兰弗兰科作为建筑师的声望和作用产生怀疑的记载。他的建筑风格在伦巴第传统建筑和法国、德国建造方法间自由切换——在摩德纳大教堂的建造中表现了绝对的自主性和独创性。建筑师在这幅袖珍画中的形象体现了当时社会对他的赞许和认可：兰弗兰科，穿着优雅的华服，肩着披风，手握权杖，正在指挥工匠劳动，与工匠们形成鲜明对比。工匠的身份从碑文的内容和服饰也可以看出（碑文文字：operarii e artifices，意思为劳工和工匠）。

左图

《巴别塔的建造》，法国《圣经》，13世纪初，约翰赖兰兹图书馆（第5章，第16页），曼彻斯特，英国

这幅图生动真实地描绘了中世纪大型建筑工地施工的不同阶段。采购建筑材料——考虑到运输的困难，往往是就近取材，不要忘记可以“掠夺”的天然“采石场”，那些可以直接利用的古老建筑遗迹为施工建设奠定了基础，接着就是石匠、泥瓦匠、雕塑家、灰泥匠、木匠和其他工匠的工作。从这幅袖珍画上可以看出当时已经开始使用固定在顶部和建筑物外层的可以踩踏的架子，随着施工过程的推进不断被拆卸，不断加高定位，而直到14世纪才出现类似现代脚手架的木结构的架子，他们还使用坡道和带滑轮的篮子向高处楼层运送建筑材料。

随着11世纪经济活动的快速增长，城市范围内出现了赞助艺术创作的新形式，商人和手工业主纷纷赞助教堂兴建，教堂的意义已经不局限在基督教会内部的自我肯定，也标志着城市商业和手工业活动的觉醒。如果大型修道院在一开始起到了推进文化发展的作用，那么城市，这个政治权力和经济生活的新中心，将会成为新文化诞生的热土：社会的需求推动着世俗权力和宗教权力的分离，社会中市民阶级的集体感得到了一定的增强，在他们的联合组织里，兴起了一种赞助艺术创作的浪潮，这种赞助一定程度上促进了文化艺术产业的发展，当然城市本身充满活力的竞争也为这种浪潮提供了有力的刺激。在这些城市中，主教权力和世俗权力的分离也同样存在，造成了一个有活力的、生机勃勃的竞争局面。与之相对比的是中世纪前期，受到基督教会和帝国赞助的艺术创作则相对缺乏（有限）得多。

在城市中心，中央广场上矗立着具有极强象征意义的市政教堂和市政大楼，在这些建筑里，主教和城市议员们分别承担着教会和市民行政的职责。

不仅如此，城市的地位也直接影响到周边地区，具有传播社会意识形态的政治作用，正如基亚拉瓦莱修道院里关于庆祝主题的壁画，创作于修道院建成后的几个世纪里。

此外，从古代一直以来，建造楼宇都是秩序和繁荣的象征。有着共同经济利益的城市形成统一的政治商业联盟，自由城市时期的政治版图渐渐向僭主政治过渡。

左下图

蒙特卡西诺学校，《手持修道院教堂模型的德西德里奥神父》，福尔米圣安吉洛教堂后殿的壁画，11世纪，卡普阿城，卡塞塔省，意大利

11世纪末期，蒙特卡西诺修道院院长德西德里奥，非常热衷于古文化的复兴，特地从君士坦丁堡（伊斯坦布尔）请来工匠装修自己的修道院。图中的这一幕是他在向上帝展示修道院教堂的模型：他既是教堂装修的订购者，也是装修设计者，他的想法贯串了教堂施工的整个过程。

右下图

弗拉德里·德拉·罗韦尔，《曼弗雷多·阿尔吉多将土地捐赠给基亚拉瓦莱的圣伯尔纳铎用来修建修道院及修道院教堂》，17世纪上半叶，基亚拉瓦莱，米兰，意大利

贵族曼弗雷多·阿尔吉多是圣伯尔纳铎修道院的赞助者，提供了基亚拉瓦莱的新修道院所需要的土地。

一种欧洲风格

在扩张野心的驱使之下，西欧走上了战争的漫长道路。与此同时，艺术领域的大量投资和建筑活动的不断开展也成为罗马式建筑时期的重要标志，其现象规模之大、持续时间之长、影响范围之广都达到了令世人惊叹的地步：根据克吕尼修道院的修道士鲁道夫·依勒·格拉布罗的比喻，1000 年以后的欧洲大陆，就像是被包裹在一件“由众多教堂构成的白色斗篷”里。教堂建筑是现实与象征的统一体，体现了时代文化价值的方方面面。教堂的装饰就是一本形象的百科全书，其中不仅有宗教意义的故事，也有异教神话的主题、富有寓意的形象和日常生活的场景，它是一座每个人都能看懂和理解的艺术宝库。罗马式艺术运用这些行之有效的体系来表明，它不仅体现了全欧洲在建筑艺术领域的共鸣，以及对造型艺术中所描绘的场景和人物的普遍认同，同时它也成为众多欧洲国家历史命运中的一部分。尽管当时在欧洲各地都形成了不同的国家语言，拉丁语还是作为通用语言在欧洲教会和文化领域广泛使用。很少可以听到欧洲人使用西塞罗时期的语言，而且几乎所有中世纪时期的著作，从袖珍画稿到教会墓碑，都用拉丁语撰写而成。

下图

圣米迦勒山修道院风景，法国

罗马式的宗教建筑在数量上实现了大规模的发展，尤其以钟楼或钟塔的建造量最为突出，达到了巅峰。罗马式的钟楼和钟塔有着坚固厚实的外观，让人不禁产生敬畏之情。这些建筑的选址也颇为讲究，一般都是选择建造在显而易见的地方。它们不仅象征着教会和皇帝的权力，也逐渐成为往来游客们必经的参观圣地。例如中世纪时期大规模兴建的圣米迦勒修道院，建造在丘陵或悬崖等地势较高的地方，当时的教徒们都希望能够在离天堂更近的地方祈祷。为了满足这一愿望，教堂在建造过程中不断地被加高，逐渐形成了很多雄伟壮观的建筑景观。如此一来，罗马式建筑的地基必须深深植根于土壤之中，对自然环境的依赖程度也越来越大。想想诺曼底的圣米迦勒修道院，建造在陆地和水域之间，还有孔克的圣福伊教堂，耸立在奥弗涅陡峭的山坡上，或者再想想在普利亚大区的特拉尼大教堂，它的钟楼更是被作为警示水手们临近海岸的一座灯塔。

由于祭坛、朝圣、圣物礼拜等活动增加，以及活动过程中仪仗队伍在教堂内外典礼仪式增多，教堂在具备象征性功能的同时，在其建筑结构上也越来越多地迎合礼拜仪式不断变化的需求，这方面的改进大约发生在 1000—1250 年，通过建材的选择和不同的布置方式实现了活动主题的千变万化，与建筑设计图本身的朴实优雅相比而具有一定反差的独特的景观效果，无论是大型的修道院建筑群还是天主教教区的小教堂，都散发出独特的魅力。

下图

圣米迦勒修道院，12世纪，都灵地区圣安布罗焦，意大利

和法国一样，在意大利修建的圣米迦勒修道院也都选址在地势较高的地方，四面八方的人们远远地就能看见。耸立在皮尔基里亚诺山山顶，山峰布满岩石，位于苏萨山谷入口处。圣米迦勒修道院的建筑群以其坚实高耸的建筑结构而闻名，其底座的灰色石头和绿色的蛇形护墙形成了微妙的色度反差。

15页图

圣米迦勒·埃吉勒教堂，勒皮昂沃莱，法国

圣米迦勒·埃吉勒教堂矗立在一座海拔高达 85 米的玄武岩悬崖上，正对着勒皮市。它是一座小礼拜堂，教堂门前是一个大阶梯，是利用一块玄武岩碎片切割岩石层而形成的 268 级台阶。整个教堂建筑还包含外部的一座垂直建造的钟塔。一个圆形回廊，沿着山崖的顶部而建，起到了教堂中殿的功能。

宗教建筑的起源与发展

由于当时世纪的现实因素，以及古罗马建筑极高的历史声望和象征价值的影响，罗马式建筑显然与古罗马建筑有着千丝万缕的联系。在罗马式建筑中沿用了古罗马时期的一些建筑技术方法，如半圆拱、方柱、坚固式筑墙系统等。意大利语中“duomo”（大教堂）一词正是来源于拉丁语 domus，意为所有虔诚教徒合力建造的安全的大房子。房子一般建立在城市中心，是一座全部由坚硬石头或砖块搭建起来的建筑，可以保护教徒们免受火灾或自然灾害，而市中心的其他房子则几乎全部都是木质房屋。

罗马式建筑的另一个重要特点就是同质性与多样性之间的辩证关系。具体来说，一方面，罗马式建筑在风格和技术方面在本质上是统一的，其功能和作用类似，传承着相同的历史时代魅力，彰显了统一的统治阶级文化，而另一方面，罗马式建筑在不同地区之间创造出差异化明显的景观，其建筑成果又充满了丰富性和多样性。两种截然相反的特征在政治局势和社会结构的演变过程中产生了密切的联系：当整个欧洲在宗教信仰方面达成统一时，由

17页图

圣埃蒂安教堂的中殿，约1083—1097年，讷韦尔，法国

讷韦尔是西方勃艮第一个历史悠久的小镇，靠近卢瓦尔河流域。圣埃蒂安教堂，是克吕尼修道院院长的住所，也是一座非常重要的罗马式建筑，依旧保存着当时的风貌，从未经历过重建或修建。

对比本页图中的彼得伯勒大教堂（英国），不难看出这两个几乎同一时期的建筑，在建筑结构方面存在一定的相似性：两个教堂的内部都有大量的柱状结构，彼得伯勒大教堂是交替放置的圆形柱子和八边形柱子，讷韦尔的圣埃蒂安教堂则是十字形排列的柱子，侧殿的宽度大约是中殿的一半，高度大概是三分之一，楼座开有两个窗口，高处墙壁中间高侧窗的设计给整个教堂提供了充足的光线。

当然两个教堂也存在一定的差异：法国的教堂使用的是筒形拱顶，且教堂装饰部分与彼得伯勒大教堂相比更简单；而英国的大教堂（彼得伯勒大教堂）的唱诗台的拱顶采用的是哥特式的风格。

左图

大教堂唱诗台，12世纪，彼得伯勒大教堂，英国

三层高度的长方形教堂是盎格鲁－撒克逊地区最常见的教堂结构：圆拱门，楼座和高侧窗（天窗）；最大化地减轻与楼座位于同等高度的墙壁的重量，尽可能地打通厚重墙壁以保证教堂中殿光线充足。

左图

圣安德烈教堂（非主教教堂）的正面，1093年，恩波利，佛罗伦萨，意大利

在罗马式时期的托斯卡纳，位于佛罗伦萨和第勒尼安地区之间，大理石等石材的充足供应不仅保证了教堂在设计、轮廓、隔层方面的几何效果，也为多色涂层的实现提供了可能性。

这种外立面造型最杰出的代表就是佛罗伦萨的洗礼堂，在一些小的城市中心也同样沿用了这种造型。严谨而清晰的线条被广泛利用在明暗对比面（深邃的窗户、塔楼、回廊、大门）和灰泥使用面。灰泥使用面比较典型的是林堡大教堂的正面，这个教堂也是莱茵河流域罗马式建筑的杰出作品之一。

19页图

林堡大教堂，约1235年，兰河畔林堡，德国

林堡大教堂规模壮观，垂直矗立在莱茵河东部支流兰河树林茂密的河岸，为纪念圣乔治而修建，呈现出德国罗马式建筑后期的建筑群特征，正面由两个带有多扇窗户的塔楼组成，外立面采用活泼的白色和橙色相间的多色涂层。

于封建主义和城市自治权的同时发展，统一集中的政治权力将面临加速的解体过程（如罗马帝国的分裂）。

地区之间的显著差异不仅来源于政治和社会结构的不连续性，也来源于不同的文化背景。在这些不同“方言”的形成过程中，有许多因素在起作用：植根于特定地理区域的建筑传统和形象传统的影响，或多或少容易受到外界刺激的倾向，以及施工和造型装饰过程中对当地材料的使用。

于是在欧洲大陆逐渐形成了各式各样具有地方特色的建筑材料，从波河流域或德国北部的陶土到托斯卡纳的大理石，从德国的砂岩到亚得里亚海地区的伊斯特拉石——每个地方特有的“方言”充分发挥了不同材料的内在潜能，也激发了特殊建构方法和装饰性配色效果的发明创造。

从风格上来说，罗马式建筑自成一派，几乎影响和延伸到整个西欧基督教地区。在这方面，围绕着两大中心出现了一些重要的艺术景观：一个中心是欧洲西南部，首次成功建成了拱形石头教堂（罗马式风格诞生后的技术创新），另一个中心是欧洲北部和中西部，发展了完全不同的建筑结构，教堂

左图

圣舍宁教堂后殿外观，1060—1150年，图卢兹，法国

在前往圣地亚哥－德孔波斯特拉的路上，出现了一种新的教堂建筑结构。这种新式教堂的修建是为了满足信徒们在教堂里参加宗教仪式的需求，同时也保证大批特地前来瞻仰圣贤遗物的朝圣者们能够得偿所愿。为此，圣舍宁教堂需要扩大司祭殿区域，把空间留给越来越多的神职人员，以保证主祭坛祭奠仪式的顺利进行，同时增加举行圣物祭拜活动所需要的小祭坛的数量，这也就决定了教堂必须利用扇形礼拜堂的回廊唱诗台（也就是沿着后殿、围绕着唱诗台和祭坛的环形或多边形的走道），再加上耳堂的空间（耳堂本身也有侧殿，和四个小型后殿）以及交叉甬道上的塔楼的空间。这种解决方案产生的建筑外部的透视和明暗对比等视觉效果，转化成一种主要依赖于中间高耸的尖塔而形成的复杂而清晰的建筑结构。

采用长方形的宽大廊柱大厅和木质结构的天花板，内部光线充足，周边还配合建造了塔楼。一方面，在日耳曼的土地上，帝国皇权仍然保有一席之地，因此加洛林王朝与奥托王朝的传统得到了很好的延续；另一方面，在南部省份，尤其是在波河流域和托斯卡纳地区，早期市政自治的出现也为罗马式建筑更具活力和更加多元化的发展奠定了基础。

事实上，在意大利境内发展的罗马式建筑，其特征与其他西方基督教国家有着明显差异，尤其是意大利不同地区所采用的建筑方案的多样性和独立性。意大利的延边领土直接与阿尔卑斯山脉或海域相连，因此在来自地中海和东部地区的影响下，意大利半岛各个地区之间形成了各具特色的造型语言。古代晚期以及早期基督教的传统在佛罗伦萨、罗马和坎帕尼亚大区得到了传承和发扬。威尼斯和意大利南部以及亚得里亚海区域一样，受到拜占庭文化的浸染和熏陶，而伦巴第大区和艾米利亚大区在早期就接触到欧洲罗马式风格的流派：传统元素和创新元素辩证交织，碰撞出非凡的艺术成果。

如果说意大利半岛的中心城市里最出类拔萃的建筑就是大教堂的话，那么在法国地区，尽管城镇和村庄的发展更为突出，但是艺术活动的发展重心还在大型修道院和教堂之中。这些宗教建筑保存着圣贤的重要遗物，被建立在朝圣路线途中，供众多虔诚的信徒朝拜和休憩。在其他地方，如西班牙北部地区，和意大利南部地区一样，也与地中海东部文明有着持续不断的交流，其宗教建筑除了承担寺院和神社的朝圣活动外，还承办地方统治者的活动。而诺曼底则不同，虽然疆域内的古迹建筑相对较少，但其不容小觑的经济实力和军事实力，加上当地公爵的推动和教会主教的支持，使得宗教建筑作为权力合法化的工具在诺曼底领土上发展起来。

因此，从上述简要的介绍中可以看出欧洲罗马式建筑如复调音乐一般的发展面貌，处在顶峰时期的罗马式建筑时而平行发展，时而交叉发展，无法清晰而直接地勾画出从一个中心到另一个中心的发展轨迹。

宗教建筑的模型和建造方法

罗马式宗教建筑呈现复杂的空间分布，旨在消除环境整体的影响和旧时期大教堂定向延续性的影响。正如教堂的不同区域是根据不同的用途而建成的，每个单一的结构元素被创造出来也是为了满足静态与空间的特定需求。罗马式建筑所采用的静态建设系统可以建造出完全覆盖型的拱顶结构，使得建筑本身非常坚固。尽管坚实的筑墙工程不利于窗结构的建造——罗马式建筑的窗户，至少在早期的时候，也的确是相对比较少，也比较小的——但是这样的结构却可以抵御火灾，也非常适用于唱诗台的建造。半明半暗的罗马

左图

修道院教堂的透视图，德鲁贝克，德国

教堂有两层高，顶部呈平面形状，是典型的德国风格：半圆拱①下面的支撑结构是“雷纳诺方柱—圆柱—方柱”交替放置的二元系系统②，上面是一大片光滑的墙壁区域，再往上就是一排高侧窗（天窗）③。墙壁的厚度增加了立体感和本身的承重能力，两段楼梯都直接通向高处的司祭席④。在很多情况下，罗马式教堂司祭席下面会有一个地下室（有时是建筑物前身遗留下来的），用来放置圣人的遗物或遗迹。

式教堂超越了拜占庭式的建筑模型，也舍弃了古代经典的建造方法：圆柱被方柱代替，墙壁也由薄薄的一层变成了厚实的墙壁。

罗马式宗教建筑的内壁宽大且表面光滑，特别是在意大利和一些壮观的西班牙建筑里，这为创作大型壁画组图提供了完美的壁画墙体。罗马式大教堂的主体一般是由三个中殿、一个或多个半圆形后殿以及一个横向建构（耳堂）组成的，横向的耳堂正好构成一个理想的十字架水平臂。十字架的“头”留给神职人员使用，被称为圣坛。上面有高坛和主教的座位，通常是加高立在一个地下室上方，也就是地穴上方：这也是罗马式教堂与基督教早期古老的长方形教堂的主要区别之一。

罗马式建筑建造者的主要关注点之一就是砖石拱顶，相比于木梁屋顶要更加结实和安全。为了实现这一目标，建筑师们从古老的建筑模型中推导出古罗马建筑中常用的筒形拱顶结构。早期的罗马式建筑，包括在加泰罗尼亚地区、勃艮第地区，还有诺曼底地区的，其实很早就采用了这种屋顶建造方法。同时，在建造比较低矮的小型侧殿时，则尝试了所谓的交叉拱顶：由两个筒形拱顶交叉形成的拱顶，构成四个拱面，底部形成的正方形的四个角可以共同支撑起整个拱顶的重量。为了更好地加固这四个支撑结构，侧殿内部建造了十字形支柱作为支撑，外部也通过加固扶壁结构来支撑拱顶。同样还是为了满足幕墙厚度和坚固性的要求，建筑主体上的开口被减少到最低限度：无论是大殿里的窗户，还是后殿的窗户，数目都非常少，面积也十分窄小。

下图

修道院教堂内部，1175—1230年，西瓦冈修道院，法国

如果教堂中殿的高处没有开一排高侧窗的话，那么中殿几乎没有光线直接照射进来，这样的教堂被称为“无窗殿”教堂。西瓦岗修道院教堂内部建造了一排拱门，每一个拱门的上面是一面光滑的墙面；室内半明半暗的光影效果主要是源于侧殿的窗口投射进来的光线。和谐的比例，精致的切割，光滑墙面的简约之美以及柱顶的精细加工，西瓦岗修道院建筑体现了西多会教堂建筑的阶段性发展，使罗马式建筑的风格更加丰富完整。

左图

圣马林教堂，约1135—1186年，埃伯巴赫修道院，德国

中殿被分为五个由矩形支柱支撑的跨距；横向拱支撑在支架上垂下的肋拱上：这种不寻常的支撑系统目的是降低支撑结构的复杂性。

游行仪式和祭坛活动，以及保存在教堂地穴或特定地方的圣物的祭礼仪式，还有源源不断前来的大批朝圣者，这些礼拜仪式和功能性的需要，为修缮专供主祭神职人员使用的教堂区域提供了先决条件：唱诗台由于十字形耳堂（横厅）的存在而扩建，而在大殿和耳堂交叉处的拱顶上一般会修建一个圆顶或塔架。大殿的空间造有一系列的支撑结构（圆柱、简单的方柱或者混合型柱）在支撑拱顶的同时，也划分了跨距（由四个或六个拱顶的支撑结构划分的空间）作为建筑整体的区域界定。中殿的跨距和侧殿的跨距比（高度和宽度一般都是1：2）产生了方柱—圆柱交叉的拱顶支撑结构（“雷纳诺”二元系）或方柱—圆柱—圆柱交叉的拱顶支撑结构（“撒克逊”三元系）。欧洲大陆的大型罗马式教堂一般高度可以达到三层或四层：低层一系列的拱廊

往上依次设有楼座（原本是保留给妇女使用的楼座，建造在侧殿上方面对中殿的位置），三拱式拱廊（无窗拱门的中间区域）和高侧窗（沿着最高处墙壁的一排窗户）。这种复杂的教堂建筑结构在德国和意大利并不常见，因为罗马式时期意大利和德国的教堂，即使是像伦巴第大区和艾米利亚大区的一些重要的主教堂和大教堂，往往都只有两层的高度，受到高度的限制，因而光线都不是很充足。

修道生活

随着1000年的钟声敲响，惊惧不安的旧时代走到了它的终点，11世纪确立了宗教修道生活哲学的存在主义理想，中世纪修道士们在社会生活中起到了举足轻重的作用。当时的人类社会惧怕无形的力量，普遍认为行为准则和礼仪具有极高的价值，为了克服内心的恐惧，建立与天国的联系，人们开始举办各式各样的仪式和圣礼。举办仪式需要实际的场地，需要坚固安全的房屋。修道院成为人们救赎的地方。

修道院的大肆兴建和扩张，不仅依赖于修道院拥有的农产品和土地的经济支持，也得益于王公贵族们的大力支持。他们捐赠了大量的物资和土地，作为获得祈祷的回报。为了让修道士们可以投入更多的时间来祷告，本笃会的会规（6世纪根据祈祷和劳作的原则制定）在以前的基础上做了部分

24页图

教堂的中殿，约1110年，图尔奈，比利时

图尔奈大教堂的大殿主体是经典的四层叠加结构：拱门、楼座、三拱式拱廊和高侧窗。

下图

修道院庭院的回廊，约1100年，穆瓦萨克，法国

始建于7世纪，修道院在1048年归属克吕尼修会后曾有过一段辉煌的时期：克吕尼修道院的第一位院长，杜兰·代·布雷多斯（1048—1072年），推动了写字间（修道士抄写古代手稿和描摹古代袖珍画的场所）的建造，同时也促进了新教堂和修道院建筑群其他部分的建设。

修道院的回廊是为数不多地被完好保存至今的罗马式建筑之一。简约的彩饰大理石廊柱成对排列，位于拐角处或庭院四周中间位置的方柱，都展现出丰富的雕塑艺术。

修改，规定了修道士每日要做的体力劳动。克吕尼修会（名字来源于修道院的原始名字“克吕尼”）批准了本笃会会规的改革。改革之后，修道士每天的生活重心转移到礼仪祭礼的庆典上来，对唱诗班也给予高度重视。数百所修道院在欧洲范围内迅速蓬勃发展，他们代表着中世纪信仰、传统、科学和文化的细胞，深刻地影响了中世纪的建筑发展。修道院的大部分收入都用在装饰和艺术作品上，其目的是希望通过建筑的宏伟和艺术的辉煌来体现宗教寓意。

11 世纪末期的克吕尼修道院，其建筑和装饰的富丽堂皇令人咂舌，以致一度引起了关于教会的“安贫”理念和物质资产使用问题的激烈争论：当时的西多会进行了著名的修道院运动，公开反对克吕尼修道院的“奢侈”之风，西多会的代表人物基亚拉瓦莱的圣伯尔纳铎，提出了一种与克吕尼修道院截然不同的思想理念，并体现在他具有颠覆性的修道院建筑结构之中。

本笃会的修道院建筑

修道院一直被理解为是理想城市的存在，根据内部不同的行使功能划分为不同的结构。从 6 世纪开始，本笃会的修道院已经发展成为一个稳定而富有生产能力的城市，而它的成立和建设主要依托于内部组织铁一般的纪律。根据“祈祷和劳动”的准则，修道院很快融入中世纪社会内部，广泛接收青年成员和年迈老人，慢慢形成了稳定的集体生活模式。修道院的庭院也逐渐成为乡村布道传教、土地改造和科教文化的聚集地，成为修道院建筑群中的建筑核心。

本笃会大型修道院的建筑模式影响了欧洲大大小小数百个宗教建筑，其中最具影响力的主要有：蒙特卡西诺修道院（6 世纪由圣本笃建立，11 世纪由修道院院长德西德里奥神父修缮）、克吕尼修道院（位于勃艮第，910 年由来自阿基塔尼亚的威廉建立）和西多修道院（同样位于勃艮第，1098 年由来自莫莱斯姆的罗伯托建立）。修道院的建造参考了圣加仑修道院（9 世纪）的加洛林结构，经过几个世纪的反复锤炼，形成了依庭院而建的格局，教堂和其他建筑围绕在庭院四周，构成了一个统一的整体。这种整体的构造对后世几百年的修道院建筑产生了深远的影响。

克吕尼修道院

修建于 910 年的克吕尼修道院是西方宗教史上一个里程碑式的重要标志。它的诞生标志着本笃会教规改革的开始，在短时间内形成了本笃会下属团体的庞大网络，使得本笃会迅速发展成为最富有、最强大的基督教修道院。本笃会的强大离不开本笃会修道院院长彼得（1122—1130 年）。本笃会的新规规定修会直接受命于教皇，而不再受主教和领主的管辖，并将修道士从繁重的体力劳动中解放出来，把大部分时间投入到祷告、祭礼和游行唱诗等宗教活动中来。

下图

圣母玛利亚修道院教堂和钟楼，11 世纪中期，彭波萨，费拉拉，意大利

钟楼是意大利罗马式建筑早期的建筑特征：从远处就能看到，被认为是宗教和城镇区域的权力象征。

彭波萨圣母玛利亚修道院钟楼是出自一位署名狄乌迪弟（1063 年）的大师的作品：建筑整体被壁柱和盲窗拱分成九层，由下往上盲窗数量递增，光线也越来越好。

在宗教活动的庄严肃穆的壮观盛况中，修道院的华丽程度几乎达到了和帝国仪式不相上下的地步。例如克吕尼修道院大教堂，结合了教会和君主两大统治集团的审美，其建造和装饰都体现了辉煌、宏伟和丰富的特征。为了满足修会迅速发展壮大的新要求，在之后的短短一个世纪里，克吕尼修道院就经历了三次重建。修道院的主要部分自然是由三大殿和耳堂及唱诗台组成的长方形大教堂。1080 年经历了第三次重建，教堂以其富丽堂皇的建筑风格而闻名于世：总长 171 米，是中世纪最宏伟的基督教教堂，也是修道院文化底蕴和经济实力的最好见证。

基亚拉瓦莱的伯尔纳铎

圣伯尔纳铎（1090—1153 年）修道院的组织结构标志着建筑史上又一重大转折点。在写给圣蒂耶尔里的威廉神父的一封信中，伯尔纳铎回忆起他在克吕尼修道院做的一次访问，不断回想修道院庭院中那些鬼斧神工般的柱顶。同时，伯尔纳铎也表达了他担心柱顶上引人入胜的雕塑会导致修士无法专心于祷告的忧虑：“这里应该是能够让修道士们专心于《圣经》和祷告的地方，而那些奇形怪状的怪物，那些非凡而畸形的美丽，它们来你们的庭院里做什么？那些邋遢的猴子、凶猛的狮子、只有一半是人的人首马身的怪物，它们在这里做什么？还有那些斑点虎，那些战斗中的勇士，吹着号角的猎人，它们在这里又是为什么？这里还曾出现过一个头下面有好几个身体，或是好几个头下面共用一个身体的怪物。这边的四足野兽正拖动着它爬行动物一般的尾巴，那边的鱼居然有四足动物的身体。这边还有一只动物骑在了马背上。最后的最后，面对这些大理石柱顶上形状多样又如此精妙的雕塑，修

左上图

圣马丁杜卡尼古修道院的外观，1001/1009—1026年，法国

罗马式早期南欧的建筑大多以稳健的小规模结构为特征，这样的结构有利于光线较少的石拱结构的建造。

右上图

修道院教堂，10世纪起，克吕尼，法国

教堂于 1810 年被拆除，十字形耳堂南边的边房是教堂唯一现存的部分。教堂的原创性不仅体现在教堂整体特殊的复杂性，也体现在采用早期哥特风格的尖拱结构并引入直接照明系统，实现了中殿的宽度和高度 1 ：3 的比例。

道士们不再阅读经文手稿，冥想上帝意旨，而是从早到晚满脑子都在好奇这些奇异的雕塑。”

此外，伯尔纳铎非常关注建筑的装饰成本、奢华的金银造价以及教会没有用来帮助穷人而是用来装饰建筑的钱财。为了回归修道院祷告、唱诗和劳动为主要活动的初衷，伯尔纳铎从最基本、最简单的形状出发：直线，方形，立方体。这几乎是一种纯“理性主义”的修道院建设，弃用一切没有实际用途的装饰物，把建筑中心从教堂变成了庭院，也使它成为修道士们主要的活动中心：庭院的四个回廊象征着一年的四个季节，古希腊哲学中的四大要素，世界的四个部分和东南西北四个方向。西多会的建筑追求充足的光线；根据当天的各项活动，天空中太阳的移动暗示着庭院回廊上房间的位置，从庭院可以进入所有的主要的活动区域：参事会大厅、食堂、修道院院长的公寓和教堂。值得一提的是，西多会修道院的教堂里，没有使用任何一块有色玻璃来遮挡阳光，或是用其他不适宜的颜色人为地过滤光线，而是保留了阳光最原始的明晰和清澈。

从乡村到城市

从 11 世纪开始，欧洲大地上出现了多种类型的建筑，如城堡、围村、瞭望塔和寨城，它们之间互相联系，形成了固定的组织制度；随着农业生产的增加和人口的增长，农村与城市之间的关系发生了变化。整个欧洲，最先

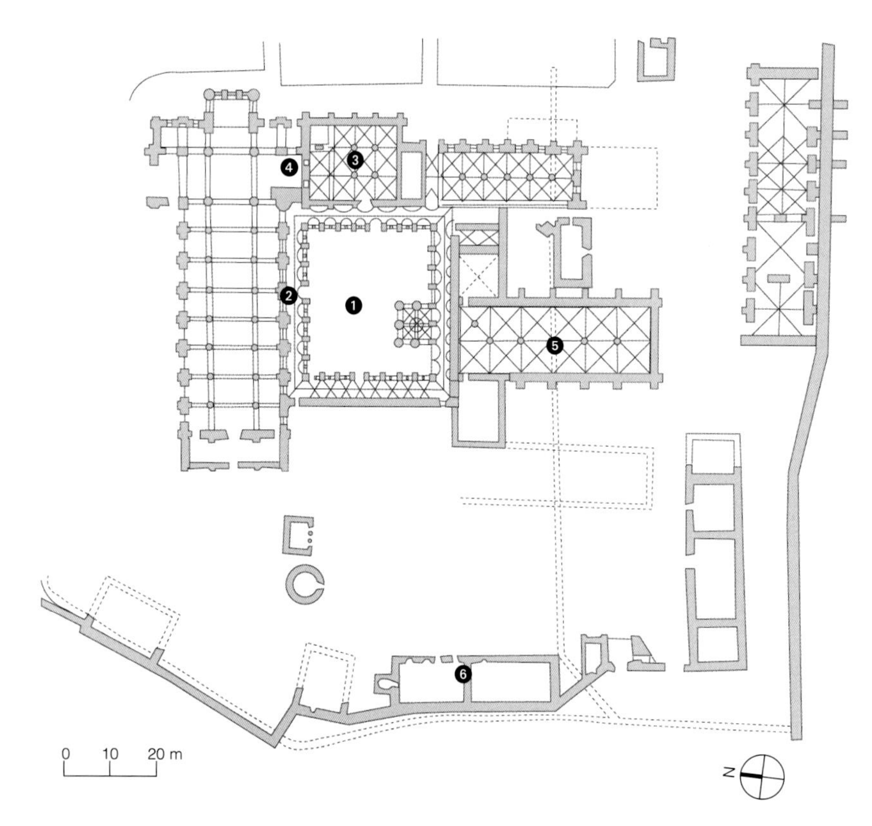

左图

西多会修道院平面图，约1147年，丰特奈，法国

在所有中世纪时期的基督教国家里，西多会修道院的建筑形式几乎都一直保持它最基本的特征，是根据基亚拉瓦莱的圣伯尔纳铎的设想从圣加仑修道院设计方案（9 世纪）推导出的一套理想的建筑方案。修士们住宿、集中和劳作的空间分布在庭院门廊①四周的三边，剩下一边②，一般是北面的空间则被教堂的主体占用。东边是教会参事厅③，是修道士们集会的地方，参事厅楼上是宿舍，这里通过楼梯可以直接抵达教堂的耳堂④。在南面是厨房和饭厅⑤，而西面的厢房是洗澡间⑥和大门。

是在意大利和荷兰，城市中心正在经历一个快速增长的阶段：老城开始复苏，在定期举办集市的地方，新的城市也纷纷建立起来。

罗马式风格的城市一般是一个封闭的圆形，设有不规则的道路网络，外围架起围墙将城市与周围乡村隔开。为了建设城墙捍卫自己的自治空间，人们甘愿承担着最繁重的经济任务，因为城墙的存在表明在这个范围内城市法律是有效的，它区分了城市居民和农村居民，而当时的农村居民在君主封建统治和压迫下，被日夜束缚在他们耕作的土地上。随着高耸的钟楼和居民区上方高大塔楼的建造，城市的组织形式在社会交流最密集的地方（教堂和市场）逐渐形成，并成为农产品的交易中心，以及手工业和商业活动的聚集地，同时也是公路网的重要枢纽，沿路来往传递的不仅仅有商品、原材料，还有新闻和文化。

正是在这些城市中心，出现了“资产阶级”这一全新的社会阶层，他们的活动就是整合当时的大部分农业生产，由此也开始了中世纪社会深刻转型的过程。

世俗建筑

尽管中世纪建筑主要关注的是宗教建筑，但是也不能忘记民用建筑和军事建筑的重要性。城堡是封建时期最典型的建筑，随着常年不断的战争和领土割据，城堡的数量也与日俱增，这些城堡有的属于城邦管辖，有的则为封建君主所统治。大型的防御工事一般会建在农村，靠近战略要地的地方，起到控制和守卫领土的作用，也会建在居住功能和防御功能紧密结合的设防城市或城堡中。防卫城墙和防御工事做得比较好的城市，个人住宅建筑没有必要增加防御功能，可以用拱门、长廊和双拱窗进行外立面的装饰：罗马式宫殿的外观即使没有华丽的雕塑装饰，也显得非常地精致。

上图

修道院教堂，1147年左右，丰特奈，法国

丰特奈修道院教堂是在基亚拉瓦莱的圣伯尔纳铎的直接指导下，按照修会创始人的要求，仿照欧洲南部“盲殿”式教堂（即教堂大殿均无窗户）的模型建造而成。朴素的大殿宏伟而幽深，纵向排列的筒形拱顶，隔成了一个个细长的连续不断的小室，透过边室和顶窗照射进来的几束光线包裹在半明半暗之间：这种严格的几何建筑架构被广泛使用在欧洲西多会教堂建造之中。

左图

蒙特里焦尼的外观，13世纪，锡耶纳，意大利

锡耶纳人民建于13世纪，用来对抗佛罗伦萨的扩张，蒙特里焦尼的围村反映了当时所有的意大利城市在规划干预各自的土地时，都考虑到保护领土以对抗邻国中心城市的扩张。

城市设防体系的恢复也伴随着建立新的军事基地和人口聚居区的产生。对周围乡村实行城市霸权导致意大利中北部地区小城镇的急剧增多。

上图

韦兹莱的外观，法国

孤山上的小镇，建立在莫旺平原之间、沿着通往圣地亚哥－德孔波斯特拉的一条道路上的山丘上，韦兹莱遵循因地制宜的城市发展之路：城市建筑都是围绕大型标志性建筑玛德莲教堂，利用其他可用空间建造而成。

随着城市资产阶级队伍的壮大，城市私人住宅的建设也不断增加，而在建筑物和人口已经相对密集的城市中心，房屋则在高度上发展且通常都配有酒窖，因此，在房屋建造的过程中，会尽可能地充分利用古罗马时期建筑的地基。随着城市国家自由民主的持续发展，市政厅和公共行政大楼的地位越来越高。当时人民的平均生活水平增长非常缓慢，卫生条件相当差，水资源匮乏，更没有专门用于体育、文化或表演的场所。即使在之后相当长的几个世纪里，那些废弃的马戏团、公共浴场、圆形露天剧场和古罗马剧场都只是作为良好的户外建材采石场。相比于西欧城市，伊斯兰教的中心地区在这方面的表现则不同，他们兴办浴场和古兰经学校，很好地利用了公共设施。

相比前几个世纪，这一时期的罗马式建筑必须探索技术功能更加具体的建筑结构，以满足一群新的社会成员和旅人群体的需求。由朝圣者、歌手和流浪艺人、商人、雇佣军、工匠、修士等形形色色的成员组成的社会群体，所有人都具有相同的需求，就是希望能够使用更加舒适而安全的交通道路。车轮运输的改善和农村的稳定发展（越来越多的农村土地被用作农业用途或被树林和沼泽吞没），都促进了中世纪城市周围或城市之间的交通发展，在城市里建成了很多闻名于世的大型建筑作品，例如城墙、大门、道路和桥梁，以及磨坊、水道、旅店、医院和火窑。

罗马式住宅

今天谈到的罗马式住宅，主要指的是 11 世纪和 12 世纪在欧洲境内被保存下来的石头房子；大部分都是在深刻变化的城市网络里幸存下来的个例，而不是真正的居住地。

这些残存的建筑还可以让我们清楚地了解处在新千年最初几个世纪欧洲各地人们的生活方式。其中最重要的建筑主要位于普罗旺斯的圣吉尔，勃艮第的克吕尼，莱茵河下游德国境内的特里尔、科布伦茨、特赖斯 - 卡登和博帕德，斯海尔德河上的图尔奈，利斯河上的根特；意大利境内罗马式住宅建筑的最佳范例就在阿斯科利皮切诺。罗马式住宅的一个共同特征是外观没有使用任何的造型装饰：唯一可以更改的装饰就是窗户的形状和位置。如果可能的话，罗马式住宅都会采用古罗马的地基或结构，因此通常会带有地下室或地窖，这也可以用作仓库。最上面的阁楼也可以用来存放食物或作为粮仓。如果说斜屋顶房子（倾斜的目的是方便雨雪的流动落下，因此在莱茵兰和佛兰德斯的北方地区较为常见）的外立面是渐高的，那么在意大利和南部地区，外立面顶饰的边缘则是一个水平的屋檐。罗马式住房独具特色的一个建筑类型就是塔楼，出于安全原因，很多塔楼在之后的几个世纪里都被系统地截顶和破坏了，因此目前在欧洲仅存的塔楼寥寥无几。最古老的塔楼建筑可能是特里尔的法兰克塔（11 世纪中叶），在意大利境内也存有一些重要的塔楼，尤其在中部和北部地区，如帕维亚、阿尔本加、萨沃纳、阿尔巴、佩鲁贾。其中最能体现中世纪塔楼景观效果的城镇是圣吉米尼亚诺，那里至今还保存着相当多的塔楼结构的建筑：这些塔楼又被称为贵族塔，一方面是由于当地有名望的家族之间的互相攀比，另一方面也是因为参照了当地教堂的

下图

瓦伦垂大桥，1306—1355年，卡奥尔，法国

从 11 世纪开始，罗马式桥梁因为数量稀少且桥况堪忧而难以满足乡村之间和城市周边日益增长的货物流通需求，于是从 12 世纪中期起，设计大胆的新石桥结构开始建立并投入使用。其中，卡奥尔的瓦伦垂大桥，由坚固的石柱支撑，加上三座塔楼堡垒，使之成为这一时期最负盛名的建筑作品之一。

钟楼或公共大楼对面塔楼的高度，所以贵族塔越造越高。但丁曾经提到过博洛尼亚最著名的贵族高塔：高达近百米的阿西内利家族的高塔，如今已成为博洛尼亚城市的象征。

左上图

格拉斯顿伯里的小旅馆，英国

英国基督教诞生地，基督教第一座教堂在这里建成，纪念圣格拉尔，格拉斯顿伯里把朝圣地的命运和关于耶稣守墓人亚利马太的约瑟登陆的传说相关联。传说约瑟的船舶靠岸后，他一脚踩在一片沼泽里；他的手杖所点到之处奇迹般地开出了“格拉斯顿伯里的山楂花”（“圣棘”）——一种当地特有的杂交植物，每年开两次花。

右上图

纳瓦拉国王的宫殿，约1200年，埃斯特利亚，西班牙

建筑平面图为矩形，由四个大的圆形拱构成，穿过带有窗户的长廊可以前往二楼的前厅；再往上则是三楼和塔楼。

33页下图

圣吉米尼亚诺的外观，锡耶纳，意大利

10世纪建于弗朗西根那路，矗立在锡耶纳城市周边的小镇，成为独特的塔群整体。

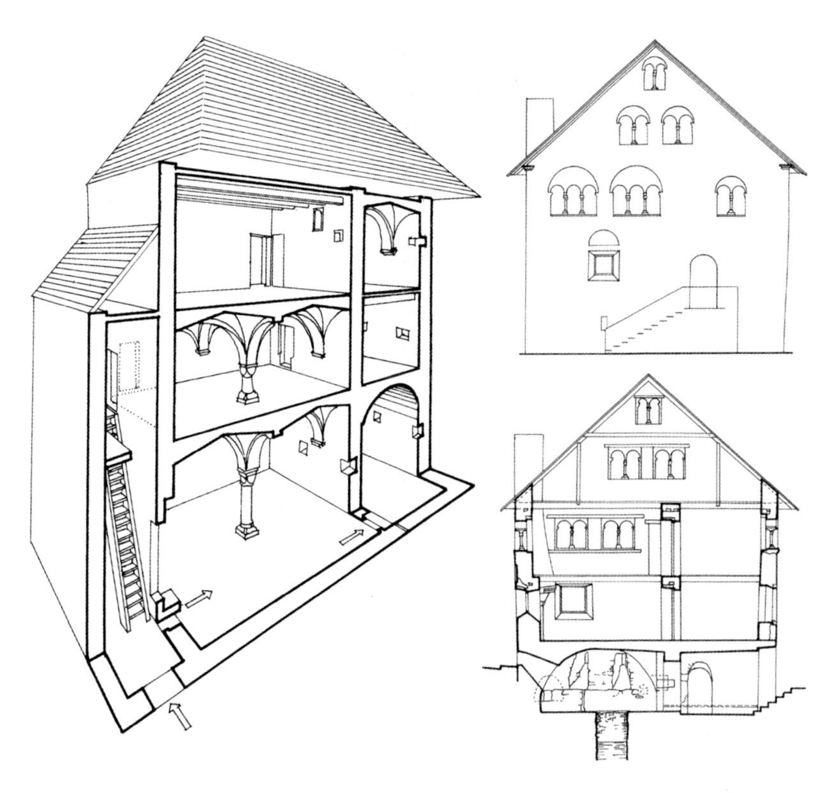

左图

罗马式房屋的立面图及剖面图

除了罗马式后期的少数建筑，罗马式房屋一般都是低层建筑，最高为三层，平面图结构简单，仅有两个或三个房间直接相通，房间与房间之间没有走廊相连：这就是沿用至今的“简单套间”结构。

这些私人住宅仿造高楼的外部结构，这类高楼带有窗户，光线充足，且一楼建有大门。内部结构仍保留其主要功能：地下室的平面图呈矩形，其下有柱状结构支撑；一楼为开放楼层，有时用作仓库或作坊；二楼或者三楼，供个人生活用，墙壁装饰有各式壁画和挂毯。

罗马式建筑初期

罗马式初期较为典型的大型建筑主要分为两大类：帝国建立的主教堂和本笃会修道院。其实这两大类型都不是什么新型建筑，在前几个世纪里也已经司空见惯，只是一直到1000年初期才发生了深刻的变化，获得了崭新的生命，并且自此之后，建筑特色也成为美学创作的基础。就目前而言，造型艺术始终都与建筑紧密结合：雕刻的大门、柱顶、浅浮雕板和内部的壁画组或是其他绘画作品，都与教堂的结构特征协调一致，相得益彰。在罗马式风格形成的过程中，宗教建筑作为与礼拜场所相关的一种宗教信仰的表现，对这一风格和文化的变革起到了至关重要的作用。在罗马式风格确立后，其初期的建筑作品大多反映和表现了帝国宫廷（权力中心位于欧洲中部，逐步开始向陪臣和公爵的地方政府延伸）与教会集团之间的权力的两重性。教会的最高首脑就是罗马教皇，其下设立有分布在各大教区的地方主教，以及各大修道院的院长，这些地方宗教权威的建立极大地扩大了教皇的统治范围。

35页图
圣佩德罗·德罗达修道院，
建于1022年，赫罗纳，西班牙

11 世纪的欧洲领土没有明确的边界划分，因而极具接纳性和包容性，大大促进了欧洲境内的贸易交流和审美融合。除此之外，9 世纪贵族文化阶级中一直广泛流传着加洛林王朝的帝国大统一思想，这也成为欧洲大融合局势形成的原因之一。11 世纪，尽管欧洲不同地区之间相距遥远，但各地的贵族阶级却都有着同样的信仰和语言，宗教仪式和文化底蕴也都相同；同时又拥有着关于查理大帝的相同历史记忆，以及同样一个“神圣罗马”帝国的理念，还有罗马作为基督教神权和帝国皇权的双重中心城市的威望。帝国初期的大教堂建筑大都以查理大帝在 9 世纪前叶建造的帕拉丁礼拜堂作为效仿对象，但到了德国领土上，教堂的结构则演变为另外一种形式，从最初的八边形平面图过渡到具有三殿结构的细长型主体的纵向平面图，主体两端由两个对称结构组成。

无论是在古代典籍的修护方面，还是在新型艺术形式的开发领域，西方修道运动的精神都对西方文化的发展起到了支柱性作用。修道运动的发起者，诺尔恰的圣本笃，制定了祈祷、体力或脑力劳动交替进行的修道院基本“规定”。本笃会大型修道院的不断发展和壮大，例如圣本笃于 529 年建立在蒙特卡西诺城的本笃会修道院，不仅在精神和物质上满足了修道院的实质

下图

克吕尼修道院院长——古列尔莫·达沃尔皮亚诺的肖像，圣朱利奥大教堂的布道坛细节图，圣朱利奥岛，诺瓦拉，意大利

古列尔莫·达沃尔皮亚诺（962—1031 年），出生于奥尔塔湖地区，是早期罗马式建筑的主要推动者之一。他在罗马式早期一手建成了法国第戎城圣贝尼尼古修道院著名的圆顶大厅；之后受到诺曼底公爵的调用，为诺曼底时期罗马式建筑的发展奠定了坚实的基础，从而推动了诺曼底地区建筑业活动的蓬勃发展。这个传奇人物的形象被刻画在圣朱利奥大教堂的讲坛之上：在工匠的描绘下，只见一个身着骑士服饰、面容苛刻而严厉的修士正在向他的教徒们宣扬严苛的禁欲主义。

性生活需求，也对修道院领土和经济活动的发展起到了一定的保护作用。本笃会修道院教堂建筑中最显著的特色就是其随处可见的罗马式风格，尤其以坚实庄严的特征和神秘主义的色彩而著称。

此外，本笃会修道院建筑结构的分布及其风格也并不遵循统一的标准；在这一方面，西多会新会的修道院建筑则大不相同，12 世纪，基亚拉瓦莱的圣伯尔纳铎为西多会的修道院建筑精心设计了科学而统一的建筑标准。

帝国延续和帝国复兴

早期帝国赞助而兴建的罗马式宗教建筑主要是教堂，而不是君主的住所或皇家的城堡。

为了传承和延续古罗马的传统，在兴建亚琛的帕拉丁教堂时，查理大帝的最初想法是希望将它建造成类似于 4—5 世纪时期建筑的一个帝国教堂：例如米兰圣洛伦索教堂，教堂直接与皇宫相连。圣洛伦索教堂中央大厅的建筑结构，在此后数次迁都的建筑活动中都得到广泛的应用和发展。拉文纳的圣维塔勒教堂和君士坦丁堡的圣索菲亚教堂都采用了这种建筑结构。

八边形的形状正好介于正方形和圆形之间，正方形象征着土地，圆形则象征天空，而八边形的形状又酷似王冠，是君主的象征，意指君主就是连接尘世人民和天堂上帝的一座桥梁，代表他的子民向上帝表达祈求和夙愿。根据当时数字符号的含义，八边形代表一路通途，是永恒的象征。连拱廊上方高出来的一层（此处设有君主的大理石宝座）表明君主的地位凌驾于臣民之上。不仅如此，为了更加直观地表现与古罗马和早期基督教的密切联系，查理大帝专门为亚琛大教堂修建一扇具有完美古典轮廓的庄严的青铜门，从意大利引入从罗马和拉文纳“掠夺式”运来的建材，并将建造的任务交给伦巴第和科马西尼匠人。加洛林时期的建筑特色及其发展都是由帝国的权力和意志所决定，在宫廷学派（该学派的创始人是以致力于文化发展为己任的历史学家艾因哈德）的推动下，紧紧围绕融合古罗马传统文化、传统美学和技术的意图，并与基督教文明性相结合。从圣奥古斯丁流传下来的基督教哲学的教学方法和准则使帝国君主制度与古罗马时期复兴的政治形式结合得更加紧密。

与此同时，法兰克教会改革的目标不仅仅是更新宗教礼仪，也包括执行宫廷学派和修道院内部重要任务的神职人员前期所接受的教育改革：对当时现存的古拉丁传统典籍的收集和校勘，对教会历届教父及古代作家的著作的研究、转录和传播，这些都是对后世欧洲文化具有深远意义的珍贵遗产。

上图

三一修道院教堂的西方唱诗台，11 世纪，埃森，德国

埃森修道院教堂的八角形结构是罗马式建筑时期的典范，复兴了加洛林王朝建筑艺术的特色：最明显的特征就是类似于位于亚琛的帕拉丁教堂的双拱栅栏结构，这是根据充满活力的修道院院长特奥法诺（1039—1058 年）的要求建造而成的，以彰显修女贵族阶级的高贵地位，因为修道院中很多修女都来自于帝国大家族。

神圣罗马帝国的领土

11世纪，神圣罗马帝国的盛况主要体现在艺术方面，尤其是宗教建筑及其装饰：是在加洛林王朝艺术自然发展过程中对建筑活动的一种复苏，得益于与拜占庭文化的重新接触，其精神价值得到了更全面的表达。

神圣罗马帝国在德意志地区建立的帝国大教堂颇具特点。特点之一就是“罗马式西面结构”的存在，是位于教堂最西端的一个带有塔楼的结构，代替了教堂的正面结构。罗马式建筑的这种“西面结构”由加洛林王朝和奥托王朝时期（9—10世纪）的“西面结构”直接演变而来。它是这两个时期最典型的建筑结构，建筑主体分为多层，两侧建有塔楼：“西面结构”可以作为教堂主入口，而“罗马式西面结构”则鲜有大门。“罗马式西面结构”将入口移至侧边，与设有司祭席和唱诗台的半圆形后殿相对，区分了神职人员（大教堂东面）与帝国宫廷（大教堂西面）的两极。教堂东西两极的发展也决定了之后双方权力的相互制衡。教堂采用矩形作为整个建筑的基本几何组成；建筑主体采用极厚的墙壁和木质的水平屋顶，并且其下通常交替建造有部分支撑结构。在德国的罗马式早期大教堂建筑中，也常常会出现侧殿、十字双耳堂、地下墓穴和连拱廊等结构，加上极为丰富的陈设品和装饰品，整个教堂建筑显得华丽而庄严，与帝国意识形态相符，同时也能够直观地体现出在教堂内部举行的宗教仪式的华丽和宏伟。

11世纪，随着帝国皇权向莱茵河和马斯河沿岸城市的逐渐过渡，科隆成为中西欧最繁华的“大都会”。自古罗马时期开始，科隆便是主教所在地

左图

圣潘塔雷奥内教堂，10—11世纪初，科隆，德国

位于德国科隆的罗马式教堂形态各异，其中圣潘塔雷奥内教堂建筑采用了非常古老而经典的建筑模式，以石头长廊和精细的外壁柱，拱门和圆弧拱的成熟技艺为特点。教堂主体的西侧是一个坚实的中央塔，塔前端是一个带有三角形楣饰的门廊。两边单独的侧塔，在方形地基的基础上垂直向上依次建成八角形和圆形的结构。

左图

大教堂，1039—1066年，特里尔，德国

德国特里尔大教堂建筑主体正面的西侧呈现了新式的外墙组成方式，即由古罗马与日耳曼文化中的建筑元素组合而来。

雄伟的“罗马式西面结构”构成大教堂真正的建筑主体，后殿西侧和四个塔楼的凸出部分采用了不同的建筑工艺，壁龛与连拱廊的明暗效果也颇为分明。

和商业聚集区，拥有欣欣向荣的内河港口，在新千年更是成为最重要的艺术加工中心。在城市近一个世纪的进程中，无论是在古罗马城墙内，还是在1106年为保护北部、南部和西部新区而新建的城墙内，都崛起了相当数量的具有极高艺术价值的教堂建筑——从坎皮多里奥的圣玛利亚教堂到圣使徒教堂，从圣潘塔雷奥内教堂到玛丽亚拉赫的本笃会修女修道院教堂——对当地罗马式建筑风格的形成和发展起到了决定性的作用，形成了所谓的“莱茵河建筑流派”，展现了种类繁多的建筑方案，使得科隆城市成为11—13世纪欧洲建筑中最具原始研究价值的建筑宝库。

在其后的几个世纪里，出现了阿尔贝托·马格诺（1206—1280年）和邓斯·斯科托（1266—1308年）之间的一场宗教论辩，宏伟的哥特式大教堂也开始修建，科隆在文化上的这种主导地位更加凸显。罗马式教堂在第二次世界大战期间所遭到的严重破坏，在其后不断的工程中几乎都得到了很好的修护。

右图和下图

坎皮多里奥圣玛利亚大教堂的唱诗台平面图及外景，1040—1065年，科隆，德国

尽管帝国的宗教建筑十分偏爱长方形结构的设计，但这并不妨碍对其他建筑方案的尝试。从莱茵河流域的文化，到古罗马帝国的建筑理念，尤其是古罗马公共浴场和宫廷建筑，都促进了新建筑的诞生。坎皮多里奥的圣玛利亚大教堂与一间富饶的女修道院相连，教堂的长方形主体建于1040—1049年，大约1060—1065年，建成由三个半圆形后殿组成的唱诗台：是解决中央对称布局的建筑主体与纵向建筑结构连接问题的一次成功尝试。

三个半圆形后殿组成的形似三叶草的结构在很多早期建造的基督教建筑中也会出现，在长老会司祭席的建造中，集中表现了德意志艺术中基督教和帝国的根源。

教堂位于莱茵河谷之中，是罗马式建筑的杰出作品之一。很容易让人联想到在古老的科洛尼亚·奥古斯塔聚居地边缘，离河流不远的矮矮的山丘上矗立着一座罗马神庙。下面的平面示意图展现出教堂三座大殿的长方形主体①与半圆式回廊（宽大的半圆形大壁龛）的中心环绕结构②之间的空间延续性。半圆形回廊的扩建是为了满足教堂所在的修道院宗教活动的使用需求，为此也没有按照十字形耳堂的形式严格把唱诗台③与两个边室划分开来。

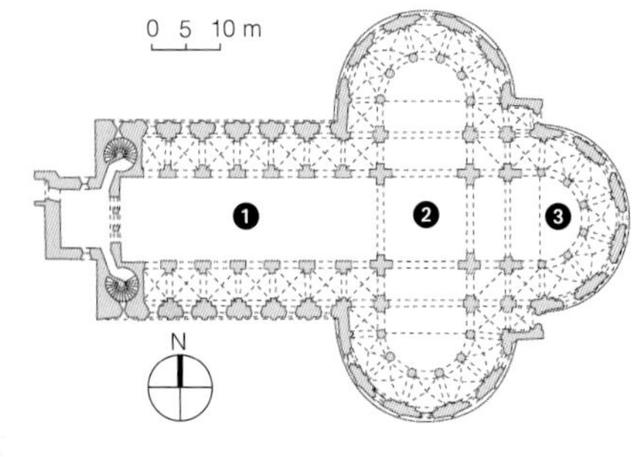

杰出作品

施派尔大教堂

施派尔大教堂，位于德国莱茵兰，是德意志帝国皇权的象征建筑之一，也是正式国际性会议的举办地。正是为了实现这些功能，教堂曾经数次扩建，直到 11 世纪末才达到目前的规模。1095 年之后由亨利四世指示建成的十字形耳堂和半圆形后殿，特别是为了方便拱顶的连接而改造翻新的中殿，都标志着帝国文化和帝国意志对西方罗马式建筑装饰理念的充分渗透。此外，德国罗马式建筑十分强调建筑的外部特征，将加洛林王朝和奥托王朝传统的典型解决方案（如两侧建有塔楼的大体积结构），与伦巴第起源的元素（如壁柱、拱门、悬挂拱门、长廊、门廊）相结合。教堂正面是 1820 年左右重新修建的新罗马式风格。

德国施派尔大教堂（右下图），教堂中殿翻新设计图（左下图），1060 年，施派尔，德国

教堂呈长方形平面图，建有三大殿和十字形双耳堂。巨型中殿的顶部是建于 1100 年左右的石料拱顶：附图中是最早提出的木结构屋顶①。依托在方柱之上②的圆柱支撑起上方装饰拱门和窗户的大盲拱③。

右图和右下图

施派尔大教堂后殿的外观，1082—1106年

左下图

施派尔大教堂地下墓穴的平面图，约1040年

如果说罗马式建筑时期的地下墓穴还不能算是真正的分殿式地下教堂，但至少它采用的是较为宽敞的小教堂结构。可以说它的结构早在11世纪初就已经被完全开发；为了确保地下墓穴有足够的空间，上方的祭坛被提高到相当的高度，显著改变了教堂的内部透视效果。

施派尔大教堂的地下墓穴就是最理想的例子，这里埋葬着德意志的几代君主：一个宽敞的大厅，孤立排列着的圆柱与建有侧边圆柱的方柱共同支撑着交叉拱顶，它与上方的教堂形成一个对立的空间关系，对应着上方唱诗台和耳堂的位置。

跨距由横向和纵向的坚实拱门划分，是早期罗马式跨距划分的典型范例。

意大利北部

罗马式建筑形成的初期，意大利北部的宗教建筑忠实地遵循古罗马晚期和早期基督教的传统；如果说，在 11 世纪中叶，加泰罗尼亚、阿基坦和勃艮第地区的教堂建筑已经完美实现了第一批全石料拱顶的建造，那么伦巴第地区的建筑师则仍然坚持着长方形教堂的传统屋顶结构，并将这一传统一直延续到 11 世纪最后一个十年。位于阿尔卑斯山北部的教堂外部的典型结构——“罗马式西面结构”，也就是立于十字形耳堂顶部和十字交叉处的塔楼群结构——在意大利应用得非常少，因为这里的人们更偏爱能够从外面反映内部结构的简洁的教堂外立面。但是，也有少数后殿两侧建有独立塔楼的建筑案例（如 1002 年的伊夫雷亚大教堂，以及科莫的圣阿邦迪奥大教堂）或正面嵌入式塔楼的建筑案例（如位于格拉韦多纳的蒂格里奥圣母大教堂）。

由于自古以来，阿尔卑斯山南面和北面地区的建筑文化彼此渗透，因此意大利北方同时期的一些其他建筑特征和类型也在波河流域传播和应用，例如带回廊的后殿和西边的耳堂结构。

然而在流经整个意大利北方的波河流域，除威尼斯之外，伦巴第的建筑大师发展和传播了罗马式建筑风格的一些特有的元素，包括根据砖层与石层等高的筑墙方法，使用凿成的石头和肋板（墙体表面分布的交叉拱顶加强肋结构提高了其静态的平稳性和坚固性）砌墙的施工技术。

左图

蒂格里奥圣母大教堂，12世纪，格拉韦多纳，科莫，意大利

格拉韦多纳是奥拓拉里奥地区的历史中心，沿着古老的蕾佳娜路而建，穿过基亚文纳和斯普露加山口，从波河平原一直延伸到格里吉奥尼和科伊拉。中世纪时期，在这片土地上涌现了众多罗马式的建筑，通常是出自于科马西尼工匠之手。

格拉韦多纳教堂的特征在于其带有八角形顶饰的高耸方塔，它是整个建筑物正面凸出的部分。

上图

圣玛利亚教堂，约1025年，帕维亚，意大利

帕维亚省的洛梅洛教区教堂，最早由伦巴第的一个建筑物改建而来。11 世纪之初被重建，在很多建筑技术方法上有很高的前瞻性，对之后很多大教堂的建造有借鉴意义。尽管教堂中殿采用的是木质天花板，但是其支撑结构为横向拱支撑，落在下方的支柱上，不仅提升了墙壁的坚固性，也初步确定了根据不同内部体积大小划分跨距的雏形。在主殿的拱顶建造前的过渡时期，支撑屋顶的横向拱结构的引入构成了未来拱顶结构的第一元素：即 11 世纪末期兰弗兰科在建造摩德纳大教堂建筑的过程中重新采用的拱顶结构。

法国和加泰罗尼亚

11 世纪的诺曼底成为建筑史上非常重要的一个实践基地，在这里，不断试验着各式各样新式的建筑工艺，奠定了哥特时期常用建筑方案的基本雏形，也影响了同时代的英国建筑：贝尔奈的修道院教堂的遗址所代表的新建筑结构（建于 11 世纪的第二个十年里），第一次使用了所谓的“厚墙”结构，也形成了后期的“诺曼底廊”结构（一种在高窗户的厚墙壁中挖建出来的走廊）。

还有许多其他的建筑，尽管有着一定程度的损毁，但却能够为后续建筑史上的关键课题提供正确的解决之道：从瑞米耶日修道院两个塔楼的正

47页图

圣母院，1040—1067年，瑞米耶日，法国

建于 11 世纪，诺曼底古列尔莫·达沃尔皮亚诺在世年间，圣母院的修道院教堂现仅存大殿和两个塔楼结构的立面。塔楼为方形底座和八角形顶部，两面夹住教堂西边由前厅及其上方主席台一并组成的凸出部分，可通过塔中的阶梯进入。

两侧塔楼的教堂立面格局在 12 世纪的时候取得巨大成功，在哥特式教堂建筑中频繁出现。

左图

圣维森特教堂，1029—1040年，卡尔多纳，西班牙

加泰罗尼亚的教堂建筑体现了罗马式早期建筑艺术的一大主要创新之处：墙壁，最初使用的是丰富砂浆合成的材料（通常是鹅卵石），由小体积石块砌成，确保实现其良好的坚固性。圣维森特教堂建筑中对中世纪早期罗马式风格的特征元素的运用技术纯熟，是伦巴第罗马式建筑的典型例子。正面的外墙由盲拱门构成，内部架构则采用了严密且紧凑，简洁肃穆的基本结构。教堂的交叉甬道上采用了圆顶结构，外层罩有八角形圆形顶（隐藏在圆顶内部的多边形平面结构），构成后殿和耳堂等建筑部分的真正中心。

面结构，到贝叶大教堂和库唐斯大教堂纵向主体的楼座，从贝尔奈的三方唱诗台和盲拱廊到鲁昂大教堂的分殿式地下墓穴和回廊唱诗台；与此同时，位于法国图尔的圣马丁大教堂呈现了带有回廊和径向祷告堂的唱诗台，这样的建筑结构其后被广泛应用于11世纪末和12世纪朝圣路沿路建立的教堂建筑中。

11世纪，法国王室毗邻的领土，即法兰西岛、香槟大区和皮卡第大区所在的所谓的皇家庄园，依旧效忠于萨利克帝国文化，因此这片郊区的土地上兴建了大量罗马式教堂，高耸的塔冠越过教堂平顶，墙壁的细节加工成为一大特色（位于巴黎的圣日耳曼德佩大教堂——巴黎现存最古老的教堂，位于维尼奥里的圣埃蒂安教堂和位于兰斯的圣雷米大教堂）。

在卢瓦尔河与杜罗河流域之间的土地上则呈现了早期罗马式建筑版图中极具特色且别具匠心的建筑景观。

10—11世纪的加泰罗尼亚，见证了欧洲建筑史上十分重要的一类教堂

下图

平面图，圣埃蒂安教堂唱诗台横截面和等距透视图，维尼奥里，法国

教堂为三个殿堂的长方形大教堂，中殿和两个侧殿在靠近交叉甬道的位置①被加固，计划用以支撑一座之后未能建成的塔楼。唱诗台②的回廊③和径向礼堂⑤交替建有方柱和圆柱④。一座塔楼耸立在后殿北面的侧殿之上⑥。

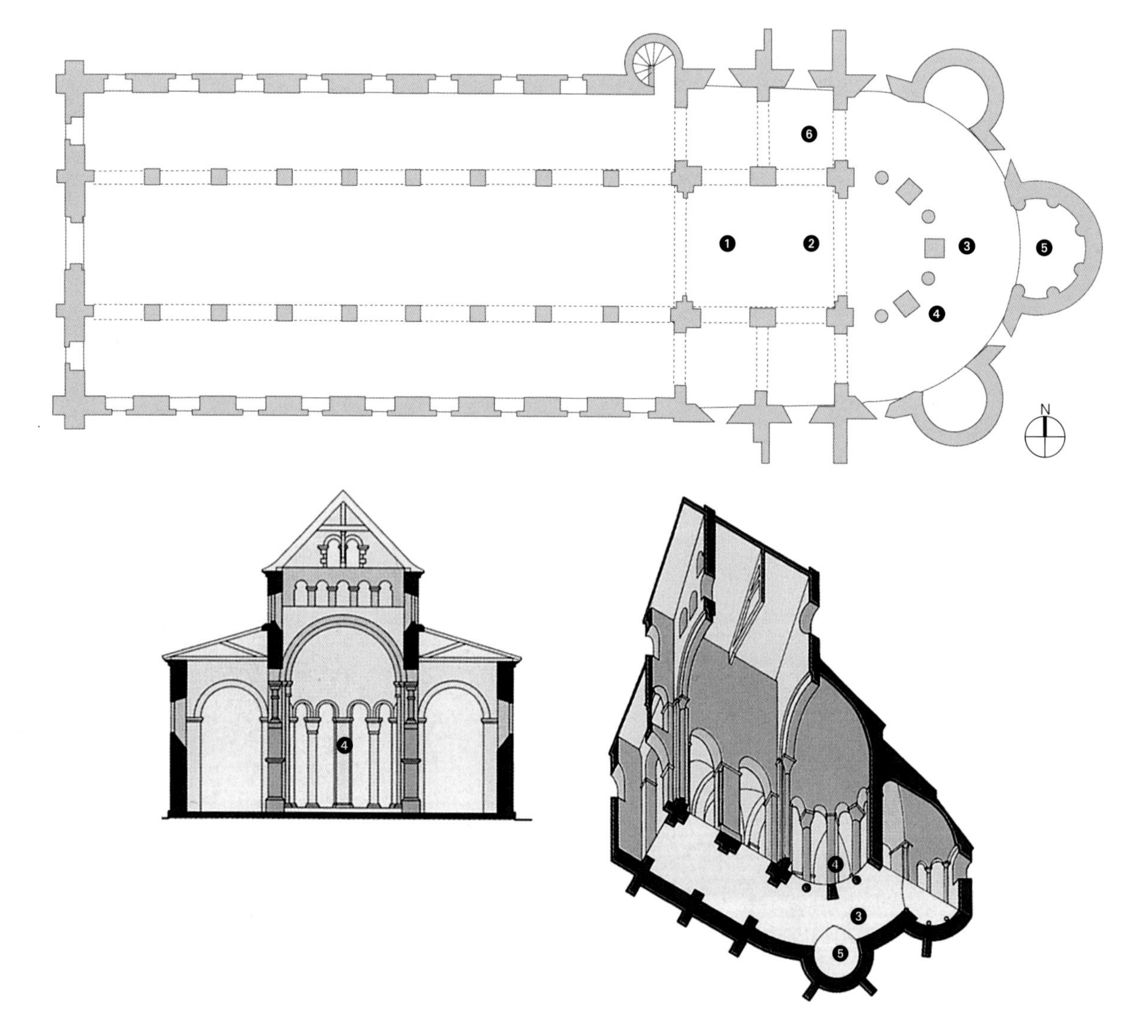

建筑的发展：殿堂式教堂，即中殿和侧廊具有相等高度的教堂，通常为筒形拱顶（半圆柱形）。这类教堂建筑起源于加洛林时期的“西面结构”和殿堂式的地下墓穴——前提是上方空间的地面采用的是平层铺设的方式——在此基础上便形成了教堂主体内部独具一格的空间结构。

最终的成果是一个完全由石头建构的建筑结构，坚固防火，外墙厚实而紧凑，内部幽深，中殿没有开设窗带（盲殿），光线只能透过侧殿和后殿照射进来。

教堂建筑的内部缺乏装饰性的雕塑，而外部的装饰也仅限于表面框架的装饰，通过壁柱和拱形结构增添建筑物的活力和美感。

11世纪的勃艮第，虽然在建筑方面展现了相当原始的创新能力，但还是受到了加泰罗尼亚罗马式建筑风格的影响；殿堂式教堂实际上在建筑类型中占据了主导地位。与此同时，在中世纪的法国和西班牙北部开始兴起另一种中世纪建筑，在11世纪末期及其之后相当长的时间内发展到鼎盛：那就是筒形拱顶和半圆形拱顶的独殿式教堂。

上图

圣埃蒂安教堂的中殿，1050年投入使用，维尼奥里，法国

圣埃蒂安教堂的建立引入了新的空间元素，在回廊式教堂的发展史上占据重要地位。在正视图中，正殿和侧殿为木质屋顶，侧殿上方呈“假楼座”的镂空状，“假楼座”的小圆柱上都装饰着刻有几何和植物图案的柱顶：这是一种来源于古代的罕见的建筑装饰，彰显了雕塑艺术的伟大复兴。

杰出作品

图尔尼圣菲利贝尔教堂

位于图尔尼的圣菲利贝尔教堂（约1008—1056年），其纵向主体是勃艮第罗马式早期建筑最显著的成就之一，无论在墙面装饰，还是在建筑结构上，都体现了南部建筑对勃艮第地区的影响。教堂前部是分成三跨距的宏伟的穹顶式前廊①（建立在加洛林王朝“西面结构”的双层教堂前面，由方柱或圆柱支撑的覆盖式门廊），内部为三个大殿②，建有多个石料切割而成的宏伟的圆柱形支柱③，形成一个不同于边殿的高度，获得殿堂式教堂的整体外观④（虽然在高处的天窗的部分光线可以透过窗户直接照进中殿）。在回廊唱诗台⑤上，连接有三个矩形径向礼堂⑥；下面建有一个宽敞的地下墓穴⑦。

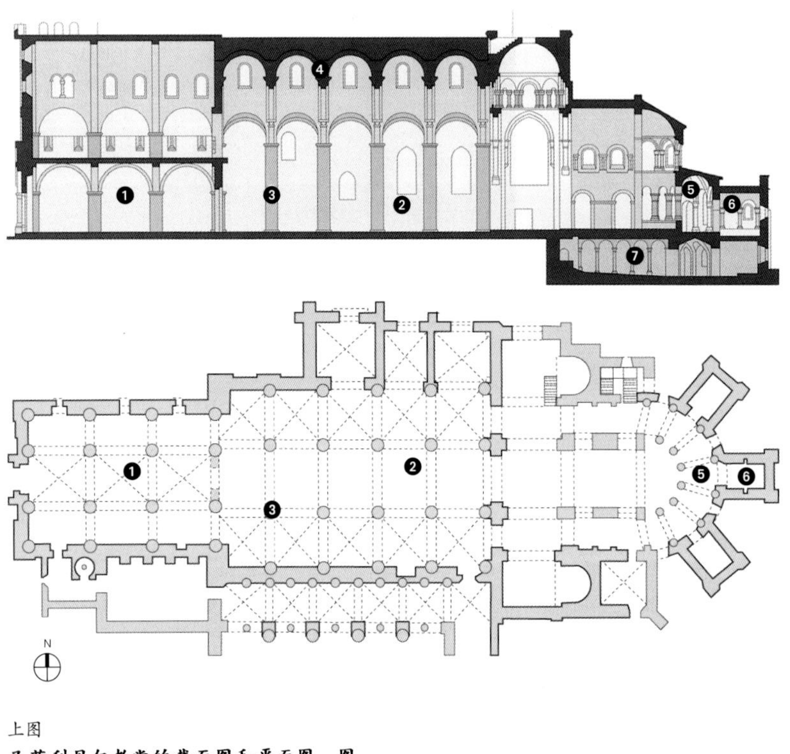

上图

圣菲利贝尔教堂的截面图和平面图，图尔尼，法国

右图

圣菲利贝尔教堂中殿的拱顶，图尔尼，法国

最初的木质天花板大约在11世纪中叶被筒形拱顶所替代，横向拱被加固的隔离拱所代替；这是从结构角度考虑而得出的一次功能性的大胆尝试，因为筒形拱交替支撑，可以允许窗户的开设，解决直接照明的问题。

罗马式建筑盛期

从11世纪60年代开始，罗马式建筑的发展进入成熟时期，早期建造的所有具有技术性和表现力的房屋和建筑物都圆满竣工。拱形屋顶的大范围应用，不仅仅是施工能力提升的标志，也体现了支撑系统与新型屋顶结构在形式、技术开发和发展上的新趋势。这些建筑结构的施工相应地也实现了教堂内部不同系统区域的划分。一般来说，墙壁会进行跨距和横向楼层的划分，不仅仅是在主要殿堂的跨距和楼层划分，也逐渐扩展到整个教堂区域，也包括教堂外部。罗马式建筑的创新还因为需要一个严肃而庄严的场所来容纳和接待基督教的信徒。在那里，光和影之间会产生强烈的明暗对比，深度上的透视效果无限延伸，最后聚焦于教堂后殿。教堂中由围墙和栅栏所封闭的地方，保留给主礼神父使用，但在面积较大的教堂中，神父的区域通常还设有回廊，信徒们可以绕着司祭席和唱诗台，在宽敞的长廊中沿着后殿的曲线行走。这里也是举行游行仪式的场所，不仅可以放置更多的祭坛，还可以设置更多供奉和祭拜圣人遗物的地点。

53页图
修道院教堂的中殿，11世纪末，莱赛，法国

从结构的角度来看，成熟时期的罗马式宗教建筑有一套非常明确的跨距划分系统，被划分为一定空间的小室，并严格按照对称的形式彼此进行叠加。教堂的交叉甬道（殿堂和耳堂空间汇合的部分）作为整体的基准和中心点，决定了建筑物的格局和大小。同时，墙壁的构造也发生了明显的变化，可以进行不同程度的分解和深度上的挖掘，比如墙壁内部开凿出来的走廊或过道。这一时期的教堂建筑普遍都使用方柱代替圆柱，但是意大利是个例外。意大利的建筑在不扼杀建筑功能的前提下，更为重视装饰和纪念碑雕塑的建设。

在教堂以外的空间里，城市社会的发展也促进了民间建筑和城市的重要变化。众多广场的建设反映了城市的高度自治，其空间是根据周围建筑（大教堂、钟楼、洗礼堂、主教宫）的大小和位置确定的，民众在其中进行民间和宗教生活和活动。市政厅大楼经常会开设门廊和拱廊，成为各个城市政府光荣独立和经济财富的象征。

下图

帕尔马大教堂，11—12世纪

帕尔马大教堂俯瞰着一片示范性的城市空间，很好地体现了建筑风格的连贯性和同质性。教堂外墙是多层凉廊：光影交错的色彩效果更加凸显其建筑立体感。在教堂一侧，矗立着一座钟楼和罗马式晚期的洗礼堂。

55页图

圣安蒂莫修道院教堂的回廊，12世纪，阿巴特新堡，锡耶纳，意大利

圣安蒂莫修道院教堂沿着弗朗西根那路而建，内部有一条环绕唱诗台的大面积法式回廊。

封建时期：僭主和宫廷生活

中世纪的社会还不存在现代意义上所理解的民族国家概念，即使各个地区都

一直在努力更好地界定各自的身份；11 世纪和 12 世纪的欧洲，面积各不相同的各个地区表面上集群聚居于神圣罗马帝国的政治实体之下，实际上帝国只能偶尔设法维持各地的统一和秩序，但从来未能同时统治整个欧洲地区。

如果说直到 1000 年的时候，社会都一直被看作上帝之城在世俗的反映，而在追求表现宇宙世界秩序和规则的过程中，国王就是一切思维和意识的顶点（亚瑟、查理大帝、亚历山大、大卫，这些骑士文化中的英雄，他们都是国王，君主神话的持久性被认为是中世纪文明的特征之一），那么从 11 世纪开始，封建制度的建立也带来了一些变化。在较发达的西部行省，特别是在法国各地区，开始出现新的社会结构，对社会文明的方方面面，尤其是权力财富的分配产生了深刻的影响。尽管王权在社会意识和神话故事中仍占有一席之地，但它的衰落也注定了国家政权的缓慢衰弱，所有的声望和真正的实权都逐渐转移到地区僭主的手中，他们成为当地无可争议的主人，作为专制君主统治着他们所控制的土地。

封建领主开始考虑将从君主手中得到的权利转化为个人财产，进行自由支配，并由长子世代继承。虽然在 11 世纪王国仍然存在，封建领主们也还侍奉着国王，没有人会质疑皇权的神圣价值，但是国王的军力以及审判和处罚的权力已经被削弱和分散成无数的“政治单元”。“陛下”是一个王朝最根本、最核心的成员，就像国王自觉是代表上帝来维持世界的和平与正义；权力的密集交织让他可以顺利地履行自己的使命，守护和统治自己的城堡。塔，最初是主权城市的象征，其后在军事功能方面成为皇室威严的象征，而如今则成为个人权

下图

宴会，马蒂尔德女王的挂毯（局部），约1066—1082年，巴约，法国

亚麻布材质的名绣，织造地在坎特伯雷，受巴约厄德主教的委托，在城市大教堂进行展览；作品中图案形象的表现技巧让人联想到传统文学史诗的叙事手法，场景在风格化的装饰主题内铺陈开来，并标有训世铭文。作品讲述了诺曼人征服英格兰的历史，颂扬“征服者威廉”的英雄业绩。“征服者威廉”是诺曼底封建体制国家的缔造者。作品为 11 世纪的日常生活提供了一个独特的洞察视角：第一部分表现与宫廷生活习俗相关的场景，如猎鹰和宴会。

上图

洛阿雷城堡，11—13世纪，西班牙

城堡的周围由13世纪建造的高墙和12座塔楼环绕，主体是一座面积庞大、装饰丰富的教堂，这也体现了其整体功能性的转变：显然，防御工事在大教堂建立后逐渐失去了其重要性，也因此洛阿雷城堡才有可能被阿拉贡国王确定为皇室所在地。

力的中心，是一个种族声望和权力的基础，在它周围政治权利的分配和一切新的社会结构正渐渐被组织起来。拥有携带武器特权的骑士，受到封建僭主的赦免，免除奴役之苦，作为回报，他们在城堡主的宫廷内承担相应的荣誉职务，举办臣从仪式，宣誓效忠封臣，在新“陛下”周围创造一个新王朝的小型宫廷。这些骑士们的道德标准就是勇气和力量，慷慨和忠诚。城堡成为由骑士贵族镇守和保护的住所，行政与司法的所在地。他们使城堡免除敌人的打击，控制着进出的交通要道。此外，城堡内的生活方式也逐渐发生变化，举办宴会、游行和比赛，一派豪华的宫廷生活的情景。

农村和城市的堡垒

教堂是中世纪时期艺术景观的建筑符号，而在教堂附近，城堡和防御性建筑则反映了中世纪时期的另一面，从波罗的海到西西里岛的一种统一的社会结构。最初的城堡专注于边界和交通线路的防守，之后成为辽阔领土的中心地带，不仅是政府的所在地，而且也是封建贵族在农村或城市的居住地。在新千年之初，封建势力的分裂解释了城堡修建数量众多的原因，包括很多非宗教建筑，都采用了全新的建筑形式：实际上从中世纪早期开始，由于国防技术要求以及新的居住性要求的不断增加，城堡建筑经历了几个世纪的修建和改造。

在罗马式建筑的第一阶段，建造带有塔楼的城堡使用的还是木材，周遭还建有壁垒和壕沟；高塔楼的结构随后成为石料城堡建筑的雏形，其中除了像防御塔、瞭望塔（警钟楼）和城墙这样单纯的防御结构外，还有用来居住的空间，这标志着城堡正发生着显著的社会变化。法国城堡建筑的主楼（建造作为住宅使用的塔楼）和盎格鲁－诺曼底城堡的主楼不仅很好地满足对安全性的需求，同时也是权力的象征。和法国一样，在英国，你可以轻松地感受到主楼建筑外形随着防御工事技术的发展从原始的正方形或长方形（比如坎特伯雷城堡）进化为圆形（科尼斯伯勒）和多边形的变化过程：逐渐消除防守的盲点，攻方的远射程炮只可以向小面积的目标进攻。

上图

科尼斯伯勒城堡主楼，12世纪，英国

在12世纪的英国，英国城堡的主楼的形状被建造得越来越复杂。在科尼斯伯勒，圆形中央塔楼四周对角侧面建有间距相同的小型矩形塔。

59页图

白塔，1078年，伦敦，英国

诺曼底征服者为了守护他们对领地的统治权，在英格兰南部建立了一系列的防御要塞建筑。白塔守护着泰晤士河上的伦敦；是典型的方形主楼加四个角楼的建筑模型。盎格鲁－诺曼底城堡主楼功能的多样性就体现在王宫、堡垒、监狱和政府总部的结合，它不仅是英国君主制的中心，也是征服者威廉（1028—1087年）权力的象征。

意大利城市国家和堡垒城市

正如西方的其他国家和地区，在意大利发生的历史性事件减缓了“国家”结构的建立，奠定了城市初期的自主发展，其政治、经济和社会形势影响着城市不同规划和建筑方案的形成。因此，从阿拉伯统治时期西西里岛上的中心商贸城市，到意大利中北部地区的城市国家，从海滨共和国到亚平宁城镇，无法轻易而明确地辨别出城市的类型及其发展线路。如果说诺曼人在统治阶级的封建结构上的征服，在一定程度上抑制了南方城市的发展，那么这个时期的海滨城市，诸如阿马尔菲、威尼斯、比萨和热那亚，继巴里和布林迪西港口成为连接欧洲和圣地的出发地和登陆点之后，逐渐达到城市发展的巅峰。

意大利中北部的多中心发展和政府自治的趋势主要沿着两条不同路线发展：在亚平宁山脉地区，国防需求的提高使很多小型防御中心地带激增，而在波河流域，随着道路系统和社会经济的增长，大城市逐渐占据了对周边地区主导和霸权的地位。

瑰丽奇异的威尼斯，是唯一非罗马起源的大城市；始建于中世纪，逐步发展而占据威尼托潟湖群岛，并根据其特有的自然地形来调整城市结构。

左图

索普拉纳门，1155—1161年，热那亚，意大利

12世纪，人口和经济的增长，不仅促进了公民自治，也支持扩建了众多城市边界的城墙，以及在古老城墙上开辟出很多巨大的门。在其后的几个世纪里，城门都起到了彰显和维护城市地位的作用。索普拉纳门呈现出一个大型筒形穹顶（拱形结构），两侧建有两个宏伟的马蹄塔；城门顶部的上楣突出了双塔拱端托的位置，在塔柱高处，靠近吉伯林派（皇帝党）修复的城垛下方的位置，上楣的结构又再次出现。

60页图

民兵塔，12—13世纪，罗马，意大利

民兵塔是罗马至今保留的最大的贵族塔，其修建时期可以追溯到英诺森三世在位时期（1198—1216年）。

坐落在奎里纳尔山的西端，曾经是防御区的一部分，由围绕着一个院子的众多民用建筑组成，院子中间是一个单独的防御建筑。该建筑平面图呈正方形，由三个重叠的锥形体逐步向上“延伸”。高近50米，底部用凝灰岩巨石建成，上部则是用砖瓦材料的齿状顶饰修复而成。1348年的地震造成第三层楼面的下陷（现在下降到类似树桩的高度），导致地面沉降，也是其倾斜的首要原因。

朝圣之路

在中世纪，区域与地区间的各类交流活动的频率和种类显著增加，在这一过程中，罗马式建筑风格在该时期不断传播的主要原因和途径也可见一斑。中世纪时期的贸易一般发生在两条沿海路线上，或者连接中心城市、定期市集的所在地以及大型圣地的陆地路线，货物和人员的流动性不仅归因于经济复苏和军事远征，也受到基督徒沿途朝圣的影响。朝圣者们向着罗马、普利亚大区的方向行进，最终登陆圣地或到达使徒雅各在圣地亚哥－德孔波斯特拉的坟墓。在那里，有的信徒沿大西洋的海滩，搜集圣雅各墓地的贝壳，别在自己的披风和帽子上，很快其他信徒纷纷效仿，贝壳一度成为所有朝圣者的标记。

与此同时，朝圣路线的导游业也蓬勃发展起来，著名的导游册有《加里斯都手本》（约 1139 年），或也称《圣雅各之书》（12 世纪前半叶），这些导游册向朝圣者提供关于朝圣路线和行程的相关建议。除了埋葬基督及其使徒彼得、保罗和雅各的三大目的地（耶路撒冷、罗马和圣地亚哥），朝圣者们还会前往天使长米迦勒显灵的地方，如勒皮奥弗涅、诺曼底的圣米迦勒山和瓦尔迪苏萨的圣米迦勒修道院。

62页图

圣墓教堂的圆顶，12世纪末—13世纪初，滨河托雷斯，西班牙

沿着跨越纳瓦拉到圣地亚哥的朝圣之路上，坐落着八角形平面结构的滨河托雷斯圣墓教堂，建筑主体没有修建中央小教堂。圆顶为肋板式的星形拱顶，交叉有伊斯兰式的结构模型，光线可以透过肋板狭长的薄缝透进来。

上图

克拉克骑士城堡的外观，12世纪中期，霍姆斯，叙利亚

城堡建立在阿勒颇和大马士革之间一座早期废弃的城堡之上，占据重要的军事战略地位，守卫着当时唯一的连接地中海沿岸腹地的通道。

11 世纪，随着道路建设安全性的提高，朝圣渐渐成为一种广泛流行的行为；沿着朝圣路线，建起了一系列中转点，如收藏圣物的圣堂、教会招待所和修道院。路线周边，尤其是在法国南部的省份，在圣人的坟墓旁，欧洲最宏伟的新式罗马式建筑正散发出强大的生命力。

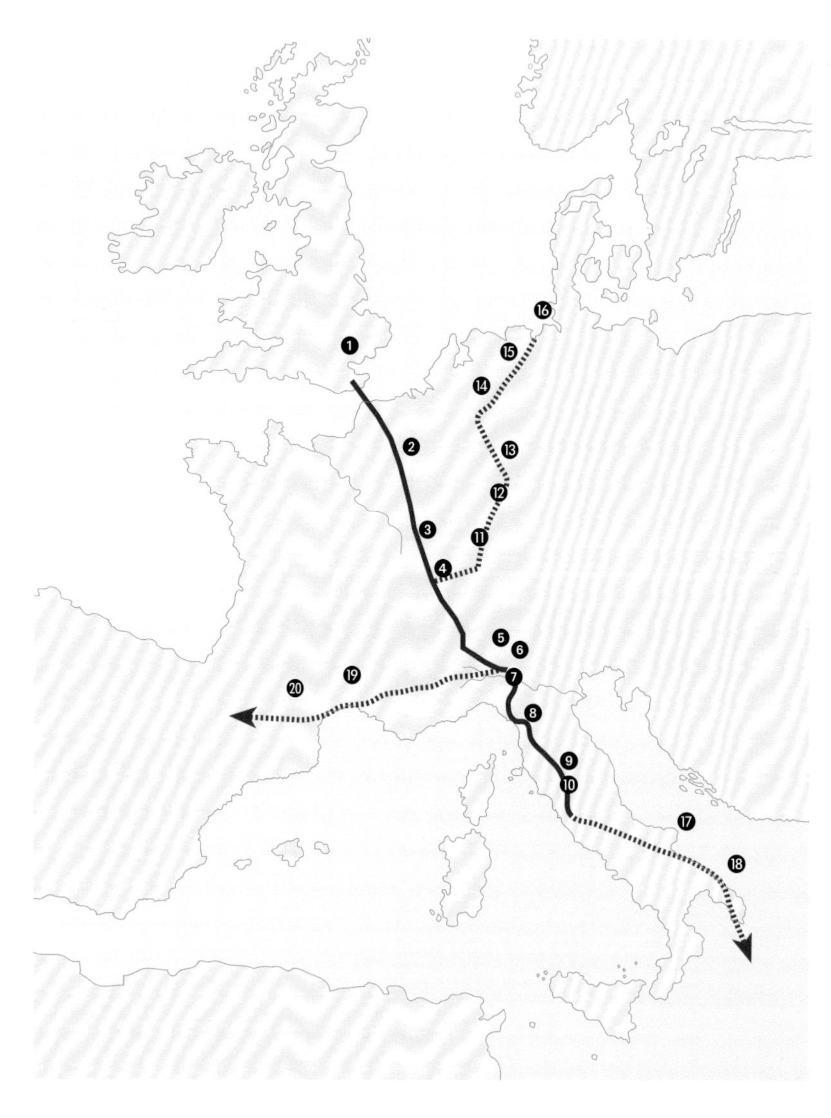

左图

弗朗西根那朝圣路的路线图，支线通往德国圣所，以及前往耶路撒冷和圣地亚哥-德孔波斯特拉方向的船只的乘船点

①坎特伯雷
②兰斯
③贝桑松
④洛桑
⑤帕维亚
⑥菲登扎
⑦帕尔马
⑧锡耶纳
⑨维泰博
⑩罗马
⑪巴塞尔
⑫斯特拉斯堡
⑬沃尔姆斯
⑭波恩
⑮明斯特
⑯不来梅
⑰巴里
⑱布林迪西
⑲圣吉莱-迪加尔
⑳龙塞斯瓦耶斯

公元 990 年，坎特伯雷・希杰里克大主教描述了从他位于英国的主教所在地到罗马的朝圣路线，沿途 79 站都分布有各类的休息点或驿站。

希杰里克的朝圣路，也被称为“弗朗西根那”（穿过法国）或者“罗密阿”（到罗马）之路，是中世纪朝圣者和贸易商从中欧到基督教圣地进行长途跋涉的主要路线之一。

其他主要的目的地是沿着莱茵河的大型德国大教堂，耶路撒冷以及位于加利西亚的圣地亚哥 – 德孔波斯特拉圣所。后者可以通过法国四个不同地点（孔克、韦兹莱、图尔和图卢兹）的入口进入，但所有这些路线最终都会穿过比利牛斯山脉，向着中世纪史诗中的传奇之地罗奇斯瓦雷山口进发。

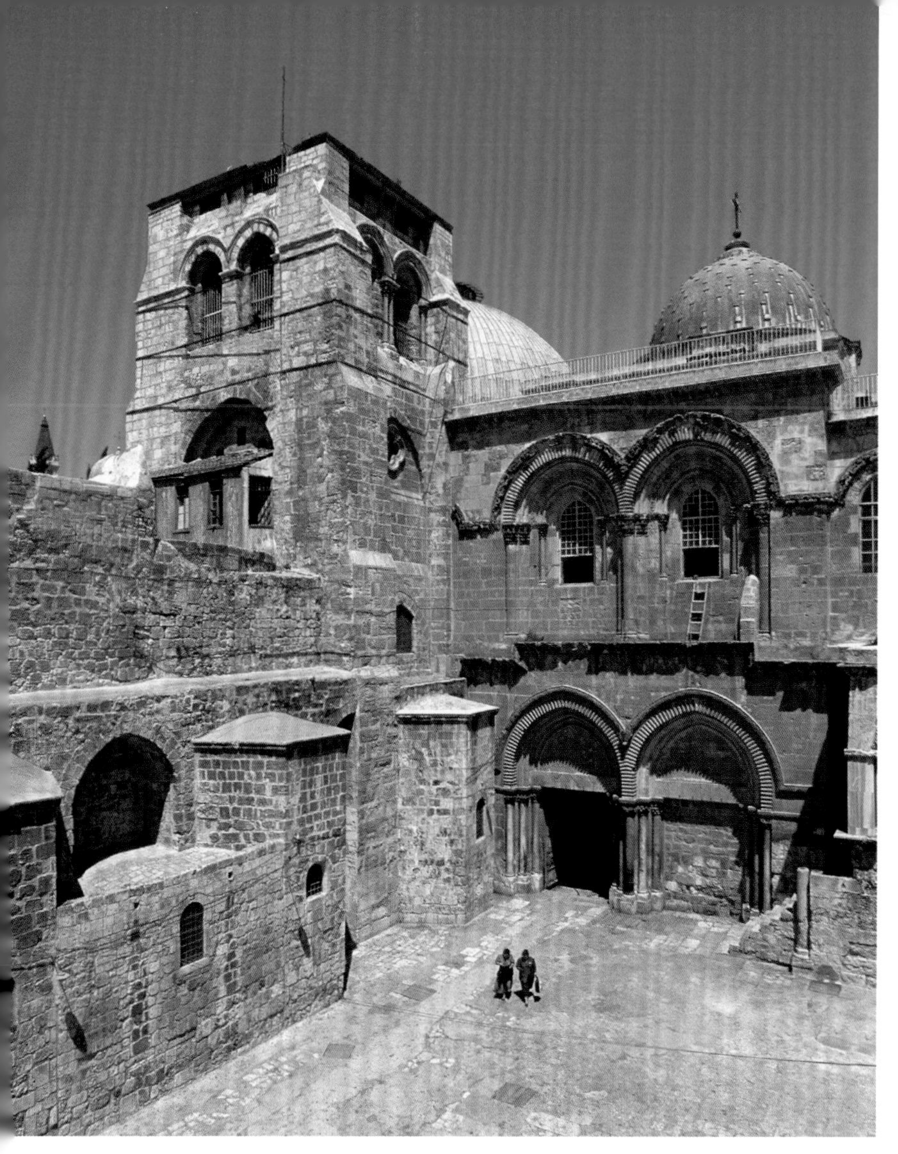

圣墓大教堂的外景（左上图）和平面图（左下图），12世纪

尽管位于耶路撒冷的圣墓大教堂在19世纪经历了多次的建筑改造，但仍然保留着12世纪的外表——君士坦丁时代建造的一系列建筑物中所用的建筑结构。它们标志着耶稣的受难地；在圣埃莱娜的地下墓穴旁竖立着圣物十字架；在耶稣被钉十字架的地方，修建了耶稣受难的修道院，而耶稣复活的圆形大厅则建在了基督埋葬的地方。耶路撒冷的圣墓展示了一个巨大的圆形后殿①，带有基座和三个半圆形的小教堂②。这个平面图中的中央结构——耶稣复活的大厅——作为教堂的末端，教堂主体还建有耳堂③和带有径向礼拜堂回廊的唱诗台④。在十字形耳堂的交叉处顶部是一个羽状圆顶⑤。

66页上图

圣殿教堂的圆顶，1185—1240年，伦敦，英国

该教堂是古老的圆形建筑，以圣墓大教堂为原型建造，由耶路撒冷的主教供奉，分为两层；第二层的圆顶完全为木质结构，内接于六边形周边。

66页下图

圣洛伦佐，11世纪末，曼托瓦，意大利

大教堂是在卡诺萨古堡的城市封建主玛蒂尔达的倡导下建立的，建于1083年，教堂主体为两个上下重叠在一起的同心圆柱体，重叠部分为一个带有穹顶和回廊的圆形隔间，分别装饰有两列拱形结构，仿照耶路撒冷的圣墓和亚琛的帕拉丁教堂，在伦巴第地区重新诠释了使用砖块和通过柱子和悬挂拱门建造建筑物外观的模型。

N

0 100 m

中央建筑式教堂的复兴

罗马的早期基督教教堂，在其建筑平面图中央的位置一般修建洗礼堂，同样地，传统的丧葬仪式也会选择平面图中央的位置（坟墓或圣盒），而朝圣者在抵达耶路撒冷的圣墓之后，则会进入环形圣所；自此，这种建筑形式在 11 世纪的欧洲广泛传播，直到最东部的边界地区。事实上，在罗马式建筑群中，位于平面图中央的建筑几乎全部都是以德国亚琛的帕拉丁教堂或耶路撒冷的圣墓大教堂作为参考模型，教堂中央的部分也都是为执行特定的功能而保留的，如洗礼堂。特别是在意大利，洗礼堂的建造面积可以达到很大的规模，比如在佛罗伦萨、克雷莫纳、帕尔马和比萨；或者是宫殿的礼拜堂，特别是在阿尔卑斯以北地区，例如莱茵兰的科伯恩；又或者是各地的圣墓教堂，采用的平面图一般也都是依照耶路撒冷的原型设计的。不同的地理区域往往遵循因地制宜的原则，选择特定的建筑类型：在普罗旺斯和意大利中部，教堂的平面图是简单的八边形，没有修建古代后期的传统小室；在意大利，带有后殿回廊的环形结构也相对罕见，几乎只能在意大利北部见到（如阿尔梅诺圣萨尔瓦托雷、博洛尼亚、曼托瓦、阿斯蒂）。

下图

圣斯特凡诺广场的圣墓教堂，12世纪，博洛尼亚，意大利

圣地亚哥朝圣之路

朝圣的教堂位于朝圣路沿途，该路线穿过比利牛斯山脉，最终到达加利西亚的圣地亚哥－德孔波斯特拉，这些教堂的建造是 11—12 世纪罗马式建筑最显著的成就之一。除了圣地亚哥的大教堂，还有孔克的圣福伊大教堂、图卢兹的圣舍宁教堂、穆瓦萨克大教堂、讷韦尔的圣埃蒂安大教堂和韦兹莱的玛德莲大教堂，它们也是朝圣沿路重要的朝圣教堂，不仅为信徒们提供祈祷和赎罪的场所，也是文化和商业交流渗透的重要枢纽。这些教堂建筑中还突出强调了一些具有象征意义的装饰造型。圣地亚哥朝圣之路对于信徒而言是灵魂之程，每一段路程都会遇到一座曾经被翻新和扩建却依然保有古老根基的教堂。

圣地亚哥－德孔波斯特拉的大教堂，是在西班牙北部和法国南部之间多变社会的一面镜子，成为“朝圣教堂”的国际化典型；位于比利牛斯山脉和加利西亚中心之间的一众小教堂，则都是按照本地的传统修建的。圣地亚哥朝圣沿路修建的所有建筑都是在皇家的指示下进行的，这表明西班牙君主们对朝圣者事业的支持不仅仅是出于经济上的原因，也是为了巩固基督教王国在伊比利亚半岛上的权力。

左图

圣福伊大教堂后殿的外观，11世纪末—12世纪初，孔克，法国

位于朗格多克大区孔克城的圣福伊大教堂，是至今保存的最古老的朝圣教堂。简朴的外观在水平和垂直方向上呈叠加型梯队结构，几个小礼拜堂围建在唱诗台回廊和建有灯笼式塔楼的教堂后殿周边，教堂的交叉甬道采用罗马式叠层的结构：使得朝圣者们可以在教堂内部较为自由地活动。

上图

圣马丁大教堂，约1066年，佛罗米斯塔，西班牙

在纳瓦拉国王遗孀的要求下，圣马丁教堂表现出罗马式前期对南部地区教堂建筑的显著影响，特别是建筑外墙使用的石块砌合技术。教堂的三个大殿，在交叉甬道上方呈现出一个大圆顶，外部则为八角形塔状，而教堂正面两侧建有两个圆柱形塔。从屋檐下方的雕框，到门窗开口的深度散射，再到一直延伸到顶部的半圆柱结构，教堂外围不断反复出现这些装饰性的结构，使得外部各部分的体积比例达到和谐。

右图

先王祠，1063—1100年，圣伊西多尔大教堂，莱昂，西班牙

这是位于莱昂的非主教教堂，修建之初是为了存放塞维利亚的圣伊西多尔的遗物，而后在莱昂和卡斯蒂利亚之王费迪南德一世逝世之时，西边扩建出一个殿室，即所谓的先王祠——历代帝王的墓所，如今也是教堂建筑群中最古老的部分。内部采用方柱和圆柱划分跨距（3米×3米），教堂的墙壁和拱顶都十分优雅，柱顶的雕塑和分布在白色背景上的壁画也颇为精美，尤其是壁画图案，色彩丰富。

壁画中的图案多取自福音书和启示录的场景，以及日常生活中的图像、一年中和黄道带月份里人类的季节性活动，并以被“四色”（象征着四个传福音的符号）围绕的《庄严基督像》作为壁画的结束，再配上优雅的铭文，便于人们阅读和理解图像。

LU
CAS VI TULO

杰出作品

圣地亚哥-德孔波斯特拉大教堂

通往圣使徒之墓的最后一站，圣地亚哥－德孔波斯特拉大教堂（始于 1075 年左右）不仅是西班牙最大的罗马式教堂，也是欧洲最大的罗马式教堂之一。尽管它的规模之大超乎寻常，但仍然是那个时代的典型建筑形式：带有楼座、耳堂和回廊式唱诗台的殿堂式大教堂。根据传统，圣地亚哥－德孔波斯特拉大教堂的选址是有特殊意义的，是德欧德米诺主教在一颗星星（因此被称为星辰之地）的指引下奇迹般地找到的耶稣使徒圣雅各（西班牙基督教守护者）埋葬的地方。教堂内部的墙体分上下两层，大殿中没有开辟窗带（盲殿），顶部为筒形拱顶。

没有光线直射——光线只能从侧殿的窗户渗透进来，内部的大空间处于半明半暗之中；只有唱诗台有一道窗口，照亮圣人的墓穴。朝圣者的大量涌入是朝圣教堂建造面积巨大的直接原因。教堂拉丁式交叉的平面图分为三个大殿，其中最大的一个大殿前面有一个前廊①，通向耳堂②，耳堂东边有四个小的半圆形后殿③；带回廊的唱诗台④顺着五个径向小礼堂⑤铺展开来。

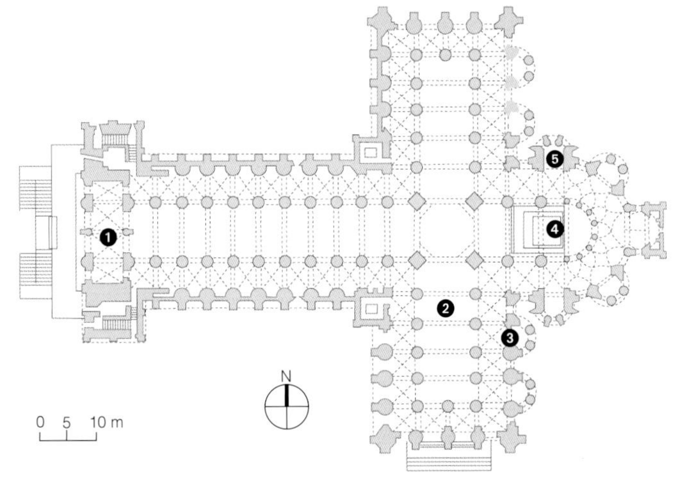

下图

圣地亚哥-德孔波斯特拉大教堂的平面图（右下图）、内部（右上图）以及格洛里亚门廊（73页图），1075—1122年，西班牙

格洛里亚双生门的门像柱（中间分隔的柱子，装饰有石像）上装饰着的圣人雕像，是马特奥大师的作品，用来欢迎和接待朝圣者，同时象征着教堂的标志性入口，而上方的墙饰则描绘了启示录中末日审判的主题。

盎格鲁-诺曼底式建筑

1066 年，随着英国领土的扩张，诺曼底式的建筑风格在更大的地理范围内蔓延开来。然而，这一历史现象的发展走上了一条不寻常的路：在将瑞米耶日一处建筑改造成适合拱顶建造的结构之后，诺曼底式建筑的发展便停滞不前，导致当地的教堂在之后的 60 余年也都在继续等待着一个明确的方案。事实上，卡昂的两个大型修道院（圣埃蒂安修道院和特里尼塔修道院）在 1125 年和 1130 年曾打算采用石制拱顶结构。而在英格兰，诺曼底式建筑的形式早在 1066 年就已经开始全面运作，并呈现出多样性的发展态势，明显表现在教堂主殿穹顶建造所采用的各类不同的方案：达勒姆大教堂创新性的交叉形尖肋拱穹顶，在继卡昂教堂的建筑后被沿用了 25 年，而在英格兰，这样的创新并不被建筑业广泛接受，建筑大师们只能继续打造一般穹顶的长方形大教堂。英国教堂，相比法国同时期的教堂，在规模发展方面有着很大的差别，其大殿和耳堂都显著加长。得益于横向排列的拱门和楼座以及“诺曼底式长廊”的建造（墙壁内部凿出的长廊），位于教堂窗户及柱子前的内壁呈现出高度的结构化，依照传统在高度上划分为三层，大规模坚实廊柱的结构凸显了庄严的效果。

75页图

大教堂的耳堂一侧，1090—1130年，伊利，英国

得益于教堂墙壁整体造型的清晰界定，在高耸的墙壁形成的透视效果上，大殿和耳堂取得了建筑和艺术上的巨大成功：深拱的排列，楼座的双生拱门（二分拱），窗户前面的“诺曼底式长廊”以及方柱上方一直延伸到屋顶的半圆柱结构。然而，尽管英国教堂的结构体系——例如1130年佛朗哥诺曼底式教堂的结构—很显然非常适合采用砖石拱顶，但在真正建造的过程中还是沿用了凹形带装饰的天花板穹顶。

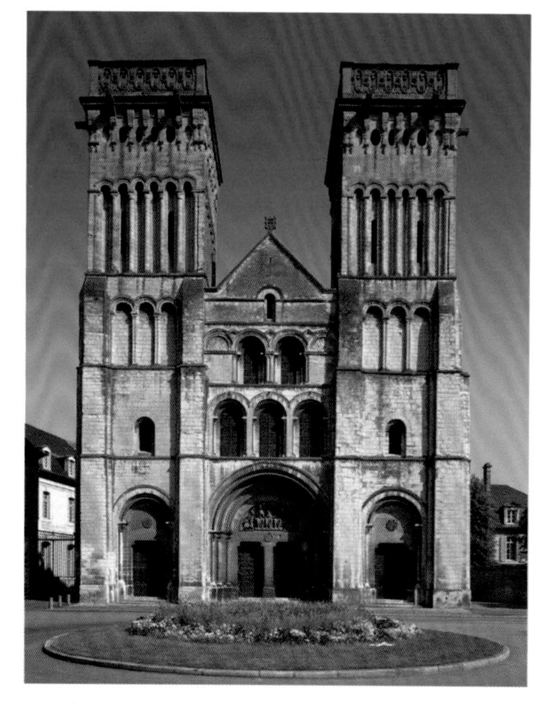

左图

特里尼塔修道院教堂，始建于1060—1065年，卡昂，法国

与圣埃蒂安修道院教堂一样，特里尼塔修道院的前身也呈现出双侧塔的正面结构，弱化双塔立方体体积的厚重感，保持塔与教堂横向主体之间的完美平衡，这种结构在12世纪不断发展，成为法国北部早期哥特式教堂的常见形式。

杰出作品

达勒姆大教堂

在诺曼底式建筑中，最能体现法国建筑技术传统与英国创新能力相结合的作品就是著名的达勒姆大教堂。它与施派尔和克吕尼三世教堂一起，成为第一批罗马式建筑成熟时期完全使用石料拱顶的大型建筑物：教堂主体扩建加长为三大殿，采用交替式支撑结构，设有楼座和宽大而凸出的双耳堂和三段式唱诗台。教堂的建筑结构除了拱顶构造外，基本都保有罗马式的主要特点，沿用了厚墙壁的结构以及通过圆柱墩和大方柱产生的厚重感。1099—1104 年，教堂唱诗台上方第一次构建了大型的交叉形尖肋拱穹顶：这是一项建筑技术和工艺的创新，在抬高罗马式砖石的同时减轻了其重量带来的影响，预见了哥特式建筑形式的特征。达勒姆大教堂选用的拱顶结构也标志着关键性的转变，标志着穹顶坚固性保持的问题变成一个稳定性的一般问题，只要确保内部结构的稳定即可。在楼座对应的阁楼下方隐藏有扶壁结构，实际上已经具备高低脚拱（产生反推力的拱形结构）的形状和功能，用来支撑中央的拱顶。

77页图

大教堂中殿，1093—1133年，达勒姆，英国

教堂大殿利用拱门的高比例以及拱顶约 22 米的高度很好地平衡了整体的稳定性，这是后期分段式拱顶的一种雏形。每个跨距段呈长度方向突出的矩形形状；每个方柱为十字形横截面，由圆柱束组成，并交替间隔有圆形柱墩。

之字形、凹沟式及网状的装饰，以及典型诺曼底式的螺旋形装饰图案，首次出现在圆柱表面，突出了圆柱的厚实，也构造出一个交错纵横的宏伟韵律，赋予教堂庄重尊严之感。

左图

大教堂的外观，1093—1133年，达勒姆，英国

英国达勒姆大教堂，建于 1093—1133 年，是英国一个重要的朝圣目的地，存有圣卡思伯特的圣物。教堂建于一处防御高地之上，正对着威尔河，还建有修道院和城堡：地势之高也展露出诺曼底式建筑的坚固性，象征着权力的威严以及英国的罗马式精神。

教堂的双塔式正面和交叉甬道上的方形巨塔从外部提升了建筑的宏伟特征，而北侧的延伸展现了全长 143 米的大殿。

勃艮第和法国南部

勃艮第的罗马式建筑盛期开始于1100年前，大约持续到12世纪中叶。典型的如当地非常重要的克吕尼三世（Paray-le-Monial-Cluny III）拱形大教堂建筑群。这些教堂是在如图尔尼的早期的筒形拱顶教堂的基础上直接改建而成的，突出当地建筑风格上的成熟和比例简化上的进步：原先的筒形拱顶被改造成尖锐的轮廓，拱顶内部的窗户，现在被移置在墙面的顶部，具备古典韵味的同时也显示出建造者的匠心独具。墙壁和柱子都覆盖着雕刻过的壁柱和飞檐——正如位于法国圣拉扎尔和帕瑞-勒蒙尼尔的教堂——形成了罗马式建筑完美独特的平衡美感，以及源于古罗马时期的古色古香的结构系统。大殿的结构同样也延伸到耳堂和唱诗台的区域，达到内部空间的连续性和均匀性，这也成为之后出现的哥特式教堂的特征之一。筒形拱顶结构，尽管其尖形的部分能够提供强大的侧向推力，但始终无法满足教堂大殿在面积和空间上发展的需要，无法建成像莱茵河或伦巴第地区那样的大面积教堂；

下图

圣夫龙教堂的圆顶外观，1173年建成，佩里格，法国

阿基塔尼亚地区的教堂建筑，沿用东罗马帝国几个世纪以来的建筑模型，将方形广场作为单殿式教堂的组成部分，以四个拱门为界限，其上建有半球形圆顶。在笔直的轴线建造一系列相似的圆顶，构成教堂建筑群，圣夫龙教堂便是其中最有名的例子。

事实上，勃艮第地区的筒形拱顶教堂也的确都属于较高的狭长型教堂。11世纪初，在横跨法国南部的大片土地上，全拱顶新式大教堂应运而生。12世纪，这种新的建筑结构得到了更为广泛的传播和应用。最常见的类型是教堂大厅仍然保留在罗马式早期已成型的一般特征：一个低矮封闭的大楼，加上一个倾斜的屋顶，内部分为三个高度基本相同的筒形拱顶覆盖的大殿，采用间接照明系统。在这里的教堂建筑中，塔楼和教堂西边的部分没有受到重视，因而其建筑方案也常常因为太过平常而受到忽视，但是，也不乏一些结构独特的塔楼建筑，例如位于佩里格的圣夫龙教堂的巨塔或者勒皮大教堂里充满想象力的孤立塔楼。在西南地区诸如佩里格、勒皮、卡奥尔、索利尼亚克和苏亚克地区，大约有超过60座的单殿式圆顶教堂，采用一种类似于普利亚大区的教堂、萨拉曼卡巨塔和威尼斯圣马可大教堂的建筑模式，在顶部的每个跨距都修建一个圆顶。其中最特别的是教堂正面和教堂入口的建筑方案。普罗旺斯建筑师们选择放弃罗马式最为常见的教堂大门结构，直接从该地区现存的罗马古迹中寻找古典形式进行自由的设计和展示，代表建筑有阿尔勒的圣特罗菲姆大教堂和圣吉莱－迪加尔教堂的大门。

下图

修道院教堂，1170年，圣吉莱-迪加尔，法国

在法国南部，尤其是在普罗旺斯和朗格多克地区，尚存有许多历史遗迹，外墙的建筑解决方案灵感来自于罗马古代建筑，如凯旋门的启发。

杰出作品

韦兹莱玛德莲教堂

教堂为纪念玛利亚·玛德莲而建，是基督教重要的朝圣地之一，这里供奉着圣人的圣物，同时也是从法国去往圣地亚哥－德孔波斯特拉的四条“路径”的起点之一。玛德莲教堂的建造分为三个不同的阶段：大殿建于约1104—1132年，双层的前厅建于1135—1151年，耳堂和哥特式的唱诗台建于1190—1215年，之后在约1840—1895年，维欧勒·勒杜克又重新对教堂进行了大规模的修复。

教堂正面的西边，是同时期建造的前厅，但一直没有竣工。教堂仍然采用罗马式纵向主体，省去了侧殿上方的楼座，整个建筑过程趋于实现和还原一个简单而基本的结构。尽管依赖于克吕尼的行政支持，玛德莲教堂似乎并没有受到主教堂的影响，保持着勃艮第地区的建筑特征，例如中殿和侧殿中高处的锐角交叉拱顶。教堂呈现出具有较大的横向拱和直接照明的三殿式教堂，其中建筑物的明暗效果尤为突出。

81页图

玛德莲教堂的中殿，约1104—1132年，韦兹莱，法国

不同于克吕尼修道院垂直建造的教堂，玛德莲教堂的大殿是纵向发展的典型，宽敞的空间和由结实水平檐口划分的简约双层结构营造出强烈的水平效果：放弃了楼座的修建，把更多的空间给了高窗的开口。通过横向大拱划分，实现空间的合理布局，交替镶嵌的双色方石装饰着拱楣（拱形结构外部的侧立面），边框和花饰部分（树枝、枝条、花叶组成的总状花序形状的装饰结构），突出了建筑的装饰层次，从窗户的拱形结构到墙壁的不同层面，明确了建筑物整体的各个细节，再加上光照系统的扩增，营造出一种十分罕见的美丽氛围。

左图

玛德莲教堂的中央大门，约1104—1132年，韦兹莱，法国

玛德莲教堂的大门和柱顶装饰的是12世纪上半叶的欧洲罗马式雕塑。这里出现了一个新的建筑装饰结构：门像柱——大门中间雕刻过的方柱，平分整个大门。

杰出作品

阿尔勒圣特罗菲姆教堂

普罗旺斯雕刻建筑的巨大成就可一直追溯到12世纪第二季度和第三季度之间，远在阿尔勒的圣特罗菲姆教堂的正面和回廊的建造，与圣吉莱－迪加尔大教堂类似，圣特罗菲姆教堂的建造也结合了图卢兹式传统工艺和以遵循古代雕塑标准为特点的新型普罗旺斯结构。作为古代末期法国南部的首都，阿尔勒是一个重要的文物保护中心，其中，12世纪，尤其重视收藏圣彼得的弟子德洛菲莫主教的圣物，于1152年将之移置在教堂中。教堂的前身是长方形大教堂，后通过改造建成筒形拱顶的宽大中殿，及外立面“高度不同”的狭长侧殿。外立面的建筑结构十分特别，大门中央的肖像装饰线条流畅，栩栩如生。

83页图

圣特罗菲姆教堂的回廊，约1150—1190年，阿尔勒，法国

回廊是教堂最能体现罗马风格的部分，其建设经历了两个不同的阶段，也就是离教堂最近的北部和东部的长廊。阿尔勒的回廊由圆柱和方柱构成，圆柱柱顶精雕细琢，方柱则装饰有历史故事的图案。回廊的建筑工艺是古罗马技术的一次进步，表现了雕塑家们希望效仿古罗马前辈匠人的意愿。在回廊后面可以清楚地看到一座古老的塔楼，由层拱上楣划分为三层。

左图

圣特罗菲姆教堂的正面，1150—1170年，阿尔勒，法国

教堂建有一定高度的基底，其上有狮子及其猎物的形象，以及装饰有历史故事图案的底座，用来支撑上方的刻有植物图案柱顶的圆柱。

支柱间坐落着使徒和天使的大型雕像，而上方的顶楣装饰图案代表祝福和诅咒。大门被中央的一根圆柱分隔成两个部分，圆柱支撑着的门梁上刻有12使徒和基督教判官，四周包围着天使、狮子、公牛和鹰的形象（《圣经》中将这四种定义为“四生肖”或“四联像”，象征着四福音）。

伊比利亚半岛

罗马式建筑在西班牙和葡萄牙的诞生、传播和发展与大部分西欧国家大不相同，一方面与收复被阿拉伯人侵占的领土密切相关，另一方面与其领土上最重要的朝圣地之一——圣地亚哥－德孔波斯特拉有关。邻近南部阿拉伯的地理位置事实上奠定了该地区建筑的文化背景，而圣地亚哥朝圣之路又加深了法国对该地区的影响。

基督教和伊斯兰文明的共存也意味着在伊比利亚半岛上共存着不同类型的城市聚居地。阿维拉如今被联合国教科文组织申报为世界遗产，是至今仍然完好保存有罗马城墙、塔楼和大门的唯一城市。这些城墙建于 11 世纪末期，由阿方索六世设计建造，之后在 1596 年由西班牙菲利普二世进行修复再造。

除此之外，圣地亚哥朝圣之路与西班牙和葡萄牙国家骑士军团的发展有着密不可分的关系。西班牙、葡萄牙构建出城堡与军事要塞的密集网络，在众多城堡中，特别要提到的是西班牙的庞费拉达城堡、阿尔曼萨城堡、贝尔蒙特城堡、潘尼斯科拉城堡和米拉韦特城堡，以及葡萄牙的托马尔城堡。后者延续了罗马式建筑的风格，直到 16 世纪，才建成了有防御体系和

左图

韦拉克鲁斯教堂，1208年投入使用，塞哥维亚，西班牙

韦拉克鲁斯（真十字）教堂用于保存骑士授职仪式中使用过的一段圣木。中央小教堂，由于墙壁上没有开设窗户，因而只能通过顶部的窗户来接受光线。

宏伟外观的修道院，而这个军事建筑的内部实际上都是极具有研究价值的宗教建筑。

城堡建筑中融入了法国或其他地区的要素，但同时也沿用了来自圣地的元素，创造出一种真正的国际化的建筑风格。12—13世纪，在伊比利亚半岛，也出现了许多类似于耶路撒冷圣墓大教堂的原始建筑。

上图

阿维拉城墙，11世纪末期，西班牙

阿维拉地处相对平坦的地形，周边环绕着不规则矩形的城墙，修建有88座守塔，是11世纪卡斯蒂利亚的主要防御工事。城墙高12米，其上建有巡逻路径；每20米矗立着一座半圆形的塔，这是卡斯蒂利亚工事与欧洲其他国家不同的地方。城墙由石头和灰泥建造，塔身与墙身融为一体；城垛的建造凸显了城墙的防御性特征。

帕达尼亚-伦巴第地区

随着法国与欧洲中北部的不断交流，11—12世纪的帕达尼亚-伦巴第建筑在各个方面都体现了罗马式的建筑风格。它不仅在米兰和帕维亚等大型城市发展，也在通往罗马的沿路地区发展。虽然它的表现形式有所差异，具备不同地区的地方特质，但是伦巴第-艾米利亚的风格在构造与建筑装饰方面仍然具有一定的共同特点。1090—1120年，全拱顶的建筑在该地区蔚然成风；虽然相比其他西欧国家，该地区在这方面的发展要相对晚些，但是米兰的建筑大师们在审美与构造两个方面采用了有革命性的尖顶拱这一要素。该要素的主要目的是抬高拱顶的顶部，区分支撑肋拱的静止作用与扇形肋穹顶的作用。交叉拱顶、廊台、矮走廊的半圆形后殿以及正面的大三角楣饰都是意大利北部罗马式建筑的主要装饰结构。除此以外，还有一个纯正意大利的特质，即建筑物正门凸出的前廊或门廊。大门的前廊从建筑正面的墙壁延伸到前面的空地，在门廊与大门之间创造出一个内部的空间。而且，在帕达尼亚的大教堂，地下室和楼上的教堂的空间关系也越来越密切，因为地下墓穴几乎占用了整个耳堂地下：这种设计在11世纪末与12世纪的摩德纳及维罗纳的圣柴诺大教堂、威尼斯与南部地区的教堂建筑中都曾被采用。

87页图

圣米迦勒教堂的正面，12世纪前半叶，帕维亚，意大利

罗马式的教堂建筑往往呈现出不同的建筑物正面，最常见的是“坡屋顶”结构，沿着教堂内部大殿的走势在高度上分成三段。帕维亚的圣米迦勒教堂和金穹顶圣彼得教堂的正面采用的就是这种“坡屋顶”结构，像一个“屏风”或“棚舍”一样矗立在教堂主体结构正前方，遮蔽着大殿内部真正的轮廓。而整个建筑中，真正能完全代表罗马式建筑特征的则是墙壁的结构，除了使用丰富的建筑装饰之外，部分墙体被挖建成侧廊、走廊、扶墙、飞檐、壁龛、拱廊和悬空拱廊，或是开凿成窗户与大门。

左图

圣母大殿的半圆形后殿，1157年，贝加莫，意大利

由佛雷都大师建造的圣母大殿的建造开始于1157年；在1187年因为经济艰难而停建之前，圣坛与东部的半圆形后殿已经完成了。东部的半圆形后殿的外部结构分为上下两层：下层为径深层叠的窗户，上层是装饰有科林斯式精致柱顶的小走廊——走廊外侧建有一排圆柱，支撑着上部一系列连续的拱顶结构。

杰出作品

米兰圣安布罗斯大教堂

该教堂从早期基督教时期开始便作为米兰的宗教与艺术中心，它也是城市确立自治权后罗马式建筑不断发展的成果之一。教堂采用“盲中殿”（没有窗户的中殿）的结构，内部包含早期基督教时期以及在加洛林王朝时期（11世纪）已经经过修整的一些建筑物的主要部分。如果与位于欧洲西南部朝圣路线的教堂所采用的类似的空间结构相比的话，其审美效果具有较大的差别：随着比例的变化，圣安布罗斯大教堂没有给人向上跳跃的印象与感觉，而是采用一种又低又宽的形状。没有门廊的墙壁正面与上面有拱廊的凉廊也是教堂又一个出色而有独创性的设计，十分符合教堂内部的构造。同样，罗马凯旋门的构造也表现了教堂入口的金碧辉煌和壮丽。大教堂的入口是一个极具特色的四侧门廊：使人想起古罗马建筑物的特点与早期基督教时期的中庭，现在这些场地都是作为纪念活动的入口和宗教与公民会议的地点。因为建筑师们游历于各个城市，所以大教堂采用的设计在全伦巴第地区也很常见；在这些建筑师的影响和推动下，像悬空拱廊的装饰、盲拱廊、装饰性的或实际可进入的凉廊结构都得到了广泛使用。

89页图

圣安布罗斯大教堂的中庭与正面，米兰，意大利

下图

圣安布罗斯大教堂的中殿，米兰，意大利

教堂内部没有建造耳堂，主体由三个大殿和一个径深较大的半圆形后殿构成。内部的建筑结构划分为四个大跨距，由稳固的方形立柱支撑。边殿上方建有楼座，采用宽大的半圆拱结构，正对着教堂中殿。教堂内部的透视中心聚焦在金箔片装饰的黄金圣坛之上。这座圣坛是加洛林时期杰出的金工作品，在上方穹顶的映衬下显得更加耀眼夺目。支撑穹顶的圆柱采用的是红色的斑岩石材料。

杰出作品

摩德纳大教堂

米兰的圣安布罗斯大教堂的类型、建造方式、风格与装饰的特点在艾米利亚西部地区的教堂建筑中被广泛采用；这些教堂都是非常重要的罗马式建筑。摩德纳大教堂，始建于1099年，于1184年投入使用并在13世纪彻底建成。教堂的结构中没有建设耳堂，整体呈长方形平面。它的主要特点是交互立柱的双侧廊、装饰性的廊台、宽敞的地下室与高处的圣坛。摩德纳大教堂原本设计的是横向圆拱的顶部，但是后来变成了对角线尖顶的肋拱。创造这个杰出作品的是有独创性的兰弗兰科大师。早在罗马式建筑还只是个构想的时候，他已经率先使用了罗马式的建筑风格：受到洛梅洛教堂支撑屋顶的对角线拱门的启发，他选择放弃拱形的屋顶，而选择一种和当时已经发展到顶点的罗马－帕达尼亚式截然不同的建筑风格。和兰弗兰科一样重要的另外一位大师便是是创作教堂正面浮雕的威利杰尔莫：在他的创世纪浮雕和葬礼主题的浮雕中，他采用了各种各样的人类与动物的形象。在几年的时间里，这两位艺术家让罗马式建筑得到了充分的发展，他们的作品也成为当时最重要的作品。教堂的后殿为半圆形结构，南侧可以俯瞰城市广场，教堂半圆形后殿的外部装饰主要展示的是古代摩德纳的风貌：奶酪、砖块、树枝、杆子和木瓦的形状。

上图

威利杰尔莫，逐出伊甸园，创世纪的故事的一个部分，12世纪初期，摩德纳大教堂的正面

因其作品的主题严肃而复杂，威利杰尔莫成为意大利罗马式建筑的第一批伟大的艺术家之一。古代基督教的故事的节奏慢、安静而庄严。一排小拱门让背景展示出空间的感觉，而且从素净的背景中显现出一些具象而立体的形状，给人一种动态的感觉。

91页图

摩德纳大教堂的外面

教堂外立面的高处有可以进入的凉廊，连绵不断的盲拱结构覆盖在教堂的正面、侧面和后殿的外墙之上，使得教堂的外立面显得更加地灵动和修长；这种处理方式体现出装饰结构对于墙壁的造型和明暗效果的作用。

杰出作品

维罗纳圣柴诺大教堂

守护圣人遗体的圣柴诺大教堂和其他帕达尼亚的教堂的特征一样，俯瞰着正前方的广场，体现了其宗教价值与城市自由的公民价值的结合。这个教堂原本和一个修道院一起构成建筑整体，但是如今修道院剩下的部分就只有一个回廊和一个防御塔。维罗纳圣柴诺大教堂同样采用摩德纳大教堂的构造和构成方式：凹凸不平的正面可以看出内部的三个中殿的轮廓，内部用柱子划分出侧廊的区域，代替原来的A形架的船体屋顶（14世纪末）。教堂外部，每个楼层按照比例分别造有壁柱，材料为横黏土砖块与掺入大理石的凝灰岩，使得整个钟楼的外立面细长而具有光亮色彩的精致效果。

左图

圣柴诺大教堂内部，10—11世纪，维罗纳，意大利

教堂内部的支撑系统交替使用稳固的方柱和优雅的圆柱。浅色的建造原料与中殿最上面的窗户让内部的空间更加明亮，这个特点是在罗马式教堂中极不常见的。

上图

圣柴诺大教堂外观，维罗纳，意大利

圣柴诺大教堂外观也具备一些特质：右边的攒尖顶钟楼不依靠大教堂的主体，自成一种与教堂分离的塔楼。左边非常抢眼的砖块塔很容易让人联想到本笃会修道院的建筑物。

威尼托潟湖

从威尼斯到格拉多，潟湖地区的罗马式教堂，相比毗邻的波河流域，呈现出非常独特的建筑特色，相比其他地区的教堂也更多地保留了基督教早期拉文纳和拜占庭地区的建筑雏形。威尼斯在9世纪的时候从东罗马帝国的统治中独立出来，在经济和文化方面仍然深受拜占庭帝国的影响，尽管也受到一些来自伦巴第地区的影响。

潟湖地区的教堂都拥有相当宏伟的规模和高耸的塔楼，这样的构造是为了让航海的水手可以从远处看到。教堂正面不同高度的“人字形”或“坡屋顶”简约而朴素，由于地面松软的土地性质，墙面使用的是大块的砖块材料，而内部圆柱以及木质桁架的内饰则华丽精致得多，使用了大量精心设计的柱头和柱顶，以及绚丽多彩的、优雅的马赛克艺术。

位于托尔切洛岛的教堂建筑群仍然严格地延续了传统建筑的模式：供奉圣玛利亚的大教堂，采用拉文纳教堂结构，由带有旧时柱顶的圆柱划分为三殿，外立面则简单绘制有薄壁柱外饰，而圣福斯卡教堂（建于1011年左右）则受到拜占庭教堂的启发，采用希腊十字形的中央平面图，顶部采用一个大型的圆顶结构（并未建成）。

位于彭波萨的本笃会修道院体现了伦巴第大区教堂在建筑风格上更加适应当地的改变：8—9世纪建成的拉文纳后期风格的教堂，在11世纪的时候修建了一个侧边带有雄伟钟楼的前厅。

95页图

圣玛利亚教堂的大殿，始建于1008年，托尔切洛岛，威尼斯，意大利

大殿顶部悬空的长墙，没有实质性承重作用的长排圆柱，延续了早期基督教传统建筑持久性的特点。大殿精美的地面采用大理石镶嵌的工艺，在视觉和色彩上将中殿的空间和圣像壁一侧的司祭席区分开来（圣像壁是将司祭席和中殿区分开的结构，在其上有一列宗教图像）。早期基督教教堂的建筑特色在威尼托和拉文纳的教堂建筑中也反复出现，在此基础上又移植了一些拜占庭式的建筑元素，例如马赛克艺术和可重新利用的造型装饰。

左图

圣玛利亚和圣多纳托大教堂后殿的外景，约1140年，穆拉诺岛，威尼斯，意大利

最初，穆拉诺岛的这个教堂的兴建是为了供奉圣母玛利亚，1125年之后，由于圣多纳托的遗体从凯法洛尼亚被窃取到此地，该教堂也开始用来供奉圣多纳托。司祭席的区域，以宽大的后殿和横向隔室为主，拜占庭式的空间明显受到伦巴第地区教堂建筑的影响，建造了典型的双层长廊结构。这些建筑结构都充分考虑了照明光线和色彩的元素，舍弃了传统的浮雕装饰，间隔的空间感形成了微妙的透明效果。砖体的外墙结构镶嵌有珍贵的大理石，全砖的墙壁在盲拱门的装饰下显得更加生动。

杰出作品

威尼斯圣马可大教堂

圣马可大教堂的建造起源于828年圣马可的遗体从埃及的亚历山德里亚被盗出，并转移至威尼斯的历史事件。教堂的职能还包括作为总督的礼拜堂，以及作为守护城市的圣徒的殉难纪念地进行使用：城市行政和宗教纪念的意义在教堂之后多次的修复中依然被保留下来。随着威尼斯共和国权力和财富的增加，大教堂这样的古老建筑也势必面临拆迁和重建（始于1063年左右），尤其在一个文化和艺术都得到显著复兴的时期。1094年，教堂竣工投入使用，这标志着教堂主体建造的完工以及其后持续了几个世纪的一系列不间断的装饰活动的开始。作为西方历史上的一个独特案例，11世纪的威尼斯，实际上脱离了内陆地区以及周边波河流域宗教建筑的发展轨迹。也正因如此，当需要做出与城市大教堂建造相关的文化方面的正式决定时，整体的建筑构思仍然转向类似于五个世纪之前的较为传统的东方教堂的模式：君士坦丁堡圣使徒教堂（其建造目的是确立威尼斯主教圣马可作为耶稣使徒的身份）。从12世纪开始，原来的砖土墙体表面覆盖了一层华丽的大理石饰面，由马赛克艺术和丰富的雕刻装饰构成；教堂正面则升高为双层的拱门结构，与圆顶的轮廓相呼应。

左图

圣马可大教堂内部，1094年竣工投入使用，威尼斯，意大利

教堂内部仍然保留了5世纪拜占庭建筑的相同特色：在希腊式十字形平面图上方耸立着五个球形圆顶。渐变的光线间隙和金底镶嵌大理石的饰面呈现在墙体之上，营造出绘画的美感，减弱了空间上的厚重感。

上图

圣马可大教堂的外观，威尼斯，意大利

1204年之后，教堂前廊延伸到大殿的侧面，实际上成为横跨整个教堂前部的大型前厅，而教堂正面则在15世纪左右加入了哥特式华丽的三角形结构（大门或窗户上方的三角形结构）。

意大利中部

托斯卡纳－艾米利亚的亚平宁山脉既是波河平原的天然边界线，也是伦巴第罗马式建筑发展最为成熟的地区，也是中南部地区拥有生产作物种类最丰富的地区。罗马式时期的托斯卡纳建筑，在意识形态和建筑品位方面都与伦巴第建筑风格迥异，力求在光洁延展的平面上和合理和谐的几何关系中塑造出具有辩证空间和造型艺术价值的结构元素。当地建筑艺术的自主创造性主要体现在两个城市的建筑中：一个是佛罗伦萨，以洗礼堂和圣米尼亚托教堂为典型；另一个是比萨，以比萨大教堂为典型，12世纪形成了独特的比萨建筑流派，取得了非凡的成就。两个城市教堂建筑的共同特点都是对多色大理石饰面的使用，尤其是外表面使用的一系列盲拱门，是托斯卡纳罗马式建筑的显著特征，从菲耶索莱的修道院到恩波利的教区教堂，再到皮斯托亚城外的圣乔万尼大教堂，无一不是采用了盲拱门的结构。意大利中部的罗马式建筑，除了托斯卡纳地区的建筑之外，都缺乏重要的变革和独创性。一直到13世纪中叶，石拱顶仍然无法被该地区的教堂建筑所接受，这也成为该地区

99页图

圣米尼亚托教堂的大殿，1028—1062年，佛罗伦萨，意大利

圣米尼亚托大教堂的建造风格在罗马式建筑的创新方面没有很大的突破，大部分还是遵循基督教早期较为经典的教堂模式，支撑的圆柱柱顶采用科林斯式柱顶，大殿顶部为木质桁架。

建筑中出现的罗马式建筑元素包括横向拱和抬高的地下墓穴。教堂内部厚重墙体的表面经过彩色镶嵌工艺处理后形成简洁明了的图案：涂层为白色和绿色图案相间，覆盖在墙壁表面，凸显了建筑整体的优雅。

左图

圣乔万尼大教堂北面，12世纪，皮斯托亚，意大利

教堂主楼的北侧外立面，反复出现的白色大理石和绿色蛇纹石的水平条纹，几乎完全抵消了各级拱门和盲拱廊的划分和间隔。

建筑创新路上一个几乎无法逾越的阻碍，使得赞助者和建筑工匠只能死死抱着圆柱或方柱支撑的传统教堂样式。

比萨城市在经济和政治方面的优势也直接体现在比萨建筑对其他地区的渗透力，尤其表现在托斯卡纳内陆及第勒尼安海岛上的一系列建筑作品中。早在 11 世纪繁华商业中心时期的卢卡城，便已经出现了具有革新性的宗教建筑，包括圣亚历山大教堂，其特点是具有冷静和严肃的古典艺术的风格。但是，从 12 世纪开始，比萨建筑模式直接渗透到了卢卡城市的各大宗教建筑中，尤其是内饰以及叠层凉廊等建筑结构的应用，例如圣马丁大教堂和位于集市广场上的圣米迦勒大教堂。在此基础上，也结合了卢卡城当地建筑的风格做了一些变化，使得建筑物在明暗对比上更加具有造型性，在彩色镶嵌装饰方面也更加活泼生动。同样的建筑革新也发生在皮斯托亚城，尤其对圣乔万尼大教堂的外立面建造产生了非常强烈的影响。阿雷佐城市教区的教堂正面（12—13 世纪），一排凉廊的结构由于使用了未经色彩处理的砂岩而产生了更加立体的效果。

甚至远在撒丁岛和科西嘉岛，在 12 世纪的时期也能看到比萨城罗马式建筑的影子，一度超越了其他的建筑流派（如普罗旺斯、伦巴第、拜占庭和阿拉伯建筑流派）；从这些新兴的建筑群体中，可以看到比萨建筑流派突出和强调立体感和整体性的倾向，并能够结合当地的材料，例如粗面岩和玄武岩，改进比萨流派原版的双色涂层工艺，形成更加强烈、更具冲击力的色彩对比。

101页图

集市广场上的圣米迦勒大教堂，11—12世纪，卢卡，意大利

教堂位于集市广场上，高高耸立于城市一边，正面为五层彼此叠加的凉廊，效仿比萨大教堂的模式。卢卡城圣马蒂诺教堂在此之前也应用了这样的结构，相比之下，此处的圣米迦勒大教堂通过大理石的镶嵌工艺、双色饰面以及其他建筑元素的修饰，拥有更加丰富的装饰、更加绚丽的色彩和更加具有张力的明暗效果。

下图

圣彼得大教堂，13世纪初，图斯卡尼亚，维泰博，意大利

图斯卡尼亚的圣彼得大教堂是庄严而经典的三殿式长方形大教堂，但是教堂最惊人的部分是在侧殿里一字排开的伊特鲁里亚人和罗马人的石棺。教堂大殿的顶部覆盖着木质桁架，下方支撑的圆柱柱顶都是珍贵的古代柱顶，这也是早期基督教教堂的特色之一。圆柱的底座由长排的石椅连接，沿着过道遍布整个大殿。

杰出作品

比萨奇迹广场

1063年，比萨击败巴勒莫的阿拉伯人，取得了地中海西部的海上霸权；大批战利品的获得帮助比萨在阿尔诺河堤上的老城区的郊外建立起新的大教堂。教堂最初由建筑师布斯格多设计建造，之后由拉纳尔多完成后续设计（大殿的延伸和扩建及教堂正面的建造），该建筑在那个时代便已经成为无与伦比的建筑物典范，但是直到1118年正式投入使用都尚未完成所有的建造工作。这座具有里程碑意义的教堂最大的特殊性就在于它稳稳地盘踞于城市空间的中心，与周围的其他建筑物形成了精确而和谐的完美比例：洗礼堂、钟楼和墓地。教堂大面积的外立面是一排排不间断的和谐排列的盲拱门——高耸、狭长，配上精致的大理石镶嵌和装饰圆拱的亚美尼亚菱形图案，覆盖了包含耳堂和唱诗台在内整个教堂主体的外部正面。教堂外立面的表面涂层采用颜色绚丽的砂石建造而成，达到了绝佳的色彩效果，再加上玻璃和琉璃材质的薄片装饰，以及大理石材质的各类动植物花纹的装饰，显得更加辉煌而华丽。教堂外立面主体的上半部分则体现了罗马式建筑中最为成功的解决方案之一，其正面构造与教堂结构相对应，形成了完美而和谐的整体：原本平整的墙壁变成了四层镂空的回廊，在色彩和采光效果上采用了伦巴第式凉廊的建筑工艺，在教堂外立面上形成了生动逼真的透明外墙。

103页图

教堂的中殿，1118年开始使用，比萨，意大利

比萨大教堂是一个巨大的拉丁式十字形教堂，建造有五个带有楼座的大殿、宽大的耳堂和位于交叉甬道上带有椭圆形基底的圆顶。早期基督教的圆柱形罗马式大教堂的风潮随着凯旋门式拱门（将大殿和司祭席隔开的拱门）尖拱顶的不断发展而逐渐销声匿迹，而经典的传统元素（圆柱和柱顶）、早期基督教的传统元素（长方形教堂平面图）、东方传统元素（尖拱，椭圆形圆顶和黑白相间的平面装饰）在西方罗马式建筑的空间比例中达到和谐统一的交融。

左图

奇迹广场，洗礼堂，大教堂和钟楼，11—13世纪，比萨，意大利

在当时追求各式各样华丽装饰和建造方案的时代潮流中，迪奥提萨维在1153年设计的洗礼堂脱颖而出。洗礼堂为巨大的圆柱体建筑，和谐地矗立在教堂正前方对称的同一轴线上。和大教堂一样，洗礼堂也采用盲拱门排列的结构，装饰着古代东方的传统图案。而最为著名的钟楼，始建于1173年，相传由博纳诺设计建造，由于地面沉降的缘故工程速度放缓，直到13世纪末才完工。塔楼的建造也采用了和教堂及洗礼堂相同的建筑元素和造型艺术主题，也取得了良好的效果。镂空圆柱的构造产生了充满变化的透视和明暗，创造出丰富多元的视觉效果。

杰出作品

圣安蒂莫修道院

12世纪建造于阿米亚塔山脚下，沿着位于蒙塔尔奇诺（锡耶纳）附近的西根那路，圣安蒂莫修道院是意大利本笃会修道院中的杰出作品；其孤立的位置及面积大小都非常接近克吕尼修道院，这也使它成为意大利修道院中最财大气粗的罗马式修道院之一。尽管由帝国建造，享受着至高无上的权力和待遇，圣安蒂莫修道院的建筑风格还是遵循传统正式的原则，采用非常简单的建筑风格，以石头为主的建筑材料表达了11—12世纪修道院改革运动在精神上的诉求。

圣安蒂莫修道院的外观（下图）和内部（105页图），12世纪，阿巴特新堡，锡耶纳，意大利

教堂主体的内部平面图呈长方形，底端为一个带有回廊的唱诗台，回廊呈半圆形，径向上分为多个小礼拜堂，这样的构造整体上是受到了法国朝圣教堂的影响。圆柱与方柱交替排列，将中殿与边殿的空间划分开来，中殿顶部覆盖有木质桁架，边殿上方造有楼座。唱诗台内，简洁的圆柱加上装饰性的柱顶，柱顶的花纹为法国原产的哥特式西兰花花叶形状，效仿科林斯式的典型柱顶；顶板（圆柱顶部）则呈现出抽象的几何装饰。

罗马，教皇之城

罗马这座永恒之城，遵循着一贯的保守主义，宗教建筑方面也无不被动地重复着基督教早期和古罗马晚期的教堂建筑模式。罗马式建筑时期，在受到伦巴第文化的侵入和渗透之后，罗马的守旧性并未得到改变，唯一带来的新鲜血液就是钟楼建筑的重建。罗马式时期的钟楼，或许是由于宗教热情表达的需要，在这一时期又再次复兴了宗教起源时期教会建筑的模式。复兴古代传统的意义在于对思想和政治的传承，而为此所做的一切尝试和努力几乎都是以罗马这个教皇城作为参考标准的。教皇赞助兴建的工程都表现出罗马极端的守旧属性，也使得 13 世纪的罗马式建筑停滞不前，拘泥在古代晚期建筑的模式之中：这一时期的建筑最具创新性和吸引力的地方就在于庭院回廊的建造（例如罗马拉特兰圣约翰教堂和城墙外的圣保罗教堂），其中最著名的莫过于雕刻世家科斯马蒂和瓦萨莱多的庭院作品，其设计风格极具古典风味，利用珍贵的建材，结合拜占庭及伊斯兰文化中的建筑元素，凸显了建筑作品的庄严和肃穆。

左下图

科斯梅丁圣母教堂，12世纪，罗马，意大利

教堂外观是 12 世纪时期的典型建筑，表面光滑平整，雕刻有一些简单的壁柱饰和齿形的仿古上楣拱。外立面前方是简单的门厅结构，开辟出教堂的一块开放性与保护性兼具的入口区域，而教堂一侧矗立着一座颇具伦巴第特色的罗马式钟楼，一层层优雅的上楣和多彩的陶土花饰，点缀在钟楼的砖瓦表面，这些大面积的镂空和装饰物减轻了钟楼原本的笨重感，使它显得轻盈不少。

106页右下图

拉特兰圣约翰教堂，庭院回廊的细节，1215—1232年，罗马，意大利

柱廊入口前面是一个刻着庭院柱廊工匠姓名的碑文：罗马著名的雕刻世家瓦萨莱多家族，活跃于12—13世纪。在圣约翰教堂，瓦萨莱多家族利用马赛克装饰和镶嵌工艺，继承拜占庭建筑中的圆柱元素，塑造了光滑与扭曲两种形态交替的柱廊，使建筑在平衡组合中达到了丰富和谐的装饰效果。

上图

圣克莱门特教堂内部，1099—1118年，罗马，意大利

很明显，圣克莱门特教堂的内部装饰极大地效仿了君士坦丁大殿的风格，教堂被大理石圆柱分成三个大殿，圆柱之间穿插有起到支撑作用的墙壁。

内部的各类装饰和陈设出自12世纪罗马雕刻工匠之手，是目前现存的最完整、最豪华的教堂内饰之一：其中包括科斯马式地板，镶嵌有斑岩和蛇纹岩的盘状饰品，融入了6世纪建筑元素的唱诗席（为唱诗台成员保留的区域）的围栏，两座布道台，精美绝伦的螺旋形柱状烛台，仿古圣体盘（放置在圣坛上方的壁龛，圣坛由四个圆柱支撑顶盖形成）和主教讲台。

普利亚大区的罗马式建筑

意大利南部大区的建筑长期受到拜占庭建筑文化的深刻影响，带有一定的阿拉伯色彩，也与本笃会修道院的建筑传统有密切的联系。特别是南方的普利亚大区，11世纪末期，阿拉伯人占领了这片土地，自此拜占庭建筑的传统模式在这里根深蒂固，甚至持续到诺曼人占领普利亚之后；作为意大利东面海域的主要入境港口，普利亚大区在诺曼人统治的数百年内蓬勃发展，尤其是大区的沿海城市，城市结构发生了翻天覆地的变化，修建了大批雄伟的大教堂。与此同时，伦巴第大区的大批建筑工匠的流入也在一定程度上刺激了拜占庭建筑传统在普利亚大区的成功传承和发扬。

尽管大家普遍认为，普利亚建筑发展的时期开始于巴里的圣尼古拉教堂，后随着12世纪的一些大教堂（特拉尼大教堂、特洛亚大教堂、卢沃大教堂）的兴建而进一步发展，但其实早在前一个世纪，普利亚大区的建筑艺术就发展得相当活跃，涌现了一批具有拜占庭传统风格的杰出建筑作品，如斯波托圣母大教堂，以及类似于塞班尼巴莱教堂的一些小型城市教堂。

109页图

大教堂，1099—1222年，特拉尼，巴列塔-安德里亚-特拉尼，意大利

教堂一侧是宏伟庄严的钟塔，教堂主体沿海而建，外形高耸美观，结构简洁紧凑。

底部的地下墓穴几乎与上方的教堂宽度一致，外观上看起来像是两个教堂叠加在一起。在坡屋顶式教堂正面的中央外壁上开有一个大的圆花窗，周围装饰有动物形状的雕饰；大门开在一列盲拱门中间，也使用了丰富的建筑装饰。

左图

圣尼古拉教堂，1087—1105年，巴里，意大利

之前这个地方曾是拜占庭统治者的官邸。后来官邸被废弃，在此基础上修建了这个教堂。教堂为了供奉圣人而建，是普利亚大区罗马式教堂的杰出代表。相较于11世纪普利亚大区教堂普遍的拜占庭风格，圣尼古拉教堂在坚实严固方面更加靠近拉丁建筑，更像是一个坚固的堡垒。

教堂正面采用伦巴第大区的建筑风格，上楣为一系列的小拱形，底部装饰有盲拱，夹在两座巨大的诺曼底式塔楼之间。

通往教堂两侧、正面和耳堂的深拱门（上方建有架空的门廊）更加凸显了教堂建筑的块状效果，与11—12世纪在普利亚大区流行的古罗马式教堂或古代晚期的教堂建筑类似。

阿拉伯-诺曼底统治时期的西西里岛

诺曼人将西西里岛从阿拉伯人为期两个世纪的统治中夺回。诺曼人到达后，发现西西里岛所保有的形象和建筑文化是在拜占庭风格的影响下形成，后受到伊斯兰装饰艺术和表现手法所影响的。这些形象和建筑文化在西西里岛上已经发展得如此成熟，在大约 70 年间（1130—1200 年）诺曼底征服者兴建了大量的颇具艺术水准和表现力的建筑作品。12 世纪的西西里建筑中，占据主导地位的建筑平面图是作为教堂建筑的核心部分的十字形（大殿和耳堂的交叉十字），通过明暗效果和透视法的利用尽可能地得到凸显。从 12 世纪开始，罗马式后期的一些建筑元素慢慢显现出来：外部丰富的，甚至有时候过于丰富的结构，尤其是教堂后殿的结构；东方式的星形拱顶；石头镶嵌和钟乳石状拱顶的装饰艺术。这些种类丰富的装饰元素来源于不同的文化——拜占庭、伊斯兰、加泰罗尼亚、普罗旺斯——标志着宫廷艺术不拘一格的特点。同样重要的还有一些世俗建筑，在数量和种类多样性上是意大利内陆地区所不可比拟的：宫殿、郊区别墅、亭台楼阁，比如帕勒莫皇宫里的皮萨娜塔楼和吉沙皇宫、古巴皇宫两大夏宫，都遵循着伊斯兰建筑艺术中轴线对称排列的立体建筑布局。

111页图

帕拉提纳教堂，1132—1143年，巴勒莫，意大利

帕拉提纳教堂是皇宫的小礼拜堂，将圆柱支撑的三殿式教堂结构与中央的司祭席结合起来，司祭席的顶部采用伊斯兰式拱顶。教堂内部的钟乳石状和小泡状的木质天花板具有浓浓的阿拉伯建筑风格，这种顶部装饰最开始出现在北非一些清真寺建筑中，后来在格拉纳达的阿尔罕布拉宫后期顶部的建造过程中达到了最极致的奢华。教堂内的圆柱及柱顶饰可以追溯到古老的年代；内室覆盖的马赛克艺术出自拜占庭工匠之手，教堂的讲道台则出自古罗马雕塑家之手。整个教堂中运用了如此多风格、多种类的装饰性元素，极大地体现出诺曼人在文化艺术上善于调和不同流派的特点：礼拜堂就是一幅绘画的画作，造型浓烈而丰富，光影和色彩在贵族气派的精致氛围里达到了完美的融合和统一。

左图

吉沙皇宫，始建于1164—1180年，巴勒莫，意大利

吉沙皇宫在威廉一世（1120—1166年）的命令下修建，建造在位于珍诺拉德（Genoardo，当地对该市的俗称。市名为 gennet-ol-ardh，意思是人间天堂）市郊的狩猎保留地，吉沙这个名字来源于阿拉伯语 al-aziz（高贵、精妙）。吉沙皇宫是非常奢华的娱乐场所，周围环绕着茂盛的花园，由泉水和人工湖湖水灌溉，人工湖也用作渔场。皇宫外部呈现出坚实的块状感，窗户和层拱的边缘刻有浅浅的装饰画。一楼的三个拱门正对着养鱼场。

杰出作品

蒙雷阿莱大教堂

始建于1172年，按照威廉二世（1153—1189年）的意愿修建，教堂呈一个坚固的建筑体，设计建造在地势较高的位置，象征着诺曼王朝至高无上的权力和荣耀。教堂也是国王的墓地所在，因而平面图设计成庄严的“T”形图，效仿蒙特卡西诺修道院教堂的结构；与宽大耳堂相连接的司祭席区域，则被设计成教堂中央的一座真正的圣堂。

下图

蒙雷阿莱大教堂的正面，巴勒莫，意大利

113页图

教堂后殿的外观，始建于1172年，蒙雷阿莱，巴勒莫，意大利

后殿与教堂主体的完美衔接以及外墙装饰的奇特风格充分体现了伊斯兰工匠的精湛技艺，各种狭长交叉的尖盲拱，色彩绚丽，表面镶嵌的各色彩石在光影的作用下起到了最好的装饰效果。受拜占庭建筑的启发，金色马赛克艺术的应用让光影效果也可以反射到教堂内部。与教堂相连的庭院建筑也不拘一格，闻名遐迩。不同文化的建筑元素在这座充满魅力的建筑作品中碰撞和融合，成就了诺曼多元文化的建筑杰出作品。

神圣罗马帝国的德意志土地

11 世纪罗马教皇与罗马帝国之间的叙爵之争导致神圣罗马帝国内部发生混战。因此，从 1070 年左右开始帝国政治发生剧烈动荡，这也反映在德意志土地的建筑方面。奥托王朝的传统仍然根植于它的历史和文化背景，将帝国宫廷大教堂的设计理念和罗马式教堂的新愿景割裂开来。德意志民族国家实际上可以说是最后一批接受成熟时期罗马式建筑的国家；使用或改用石拱顶的教堂建筑要到 1080 年之后，而直到 12 世纪上半叶之后，仍然有传统的一些建筑文化流派还是决定采用圆柱屋顶式大教堂的结构。同样地，莱茵河岸的一些大教堂建筑——施派尔大教堂、美因茨大教堂、玛利亚拉赫修道院以及后来的沃尔姆斯大教堂，也都沿用着德意志教堂的平面图，对立的唱诗台和两边的入口，而放弃了沿着轴线缓缓步入时对教堂内部整体的视觉享受。但是，如果这些建筑施工团队继续保守地使用奥托王朝时期的内饰结构，那么他们也同样会沿用当时的外部结构，筑墙造型的建筑物就会变成互相堆叠的方形的建筑体，纯粹只突出其几何和结构的重要性。如此一来，德意志的建筑，即使到了 12 世纪都仍然不愿意接受拱顶教堂的结构，它在罗马式建筑的正式研究中便只能退居一旁，因为罗马式建筑最基本的目的就是希望在外观视图上也可以达到与内饰相媲美的同样重要且高质量的建筑效果。

115页图

玛利亚拉赫修道院教堂，始建于1093年，科布伦兹，德国

始建于 1093 年的玛利亚拉赫本笃会修道院，和施派尔大教堂以及美因茨大教堂一样，其外观之美也彰显了建筑装饰的精美绝伦：三座不同形态的塔楼分成两组分别耸立在东部和西部，彼此均衡地排列在建筑物的两端。而教堂的装饰则注重形式上的华丽，由纤细的结构组成，呈现出不同色彩交替的美感，视觉上感觉建筑物和表面外饰产生了分层。

下图

王宫，12世纪中叶左右，格尔恩豪森，德国

格尔恩豪森王宫的筑墙工艺精湛，石块堆砌规律而平整，墙壁上开出的小拱门也十分精致小巧。

从中世纪初期开始，帝国僭主新旧更替，他们的皇宫也在不断变化；这些宫殿楼宇，里面都建造有大厅、走廊（神坛后面或后殿周围的走道）、礼拜堂和门廊，它们分布在德意志的土地上，也意味着当时帝国的政权没有固定的所在地。与这些皇宫相连接的仓库当时是用来储备宫廷的物资和必需品的，其结构分区以及功能安排都是按照古罗马、拜占庭和德意志宫殿的模式重建的。

戈斯拉尔王宫（帝国议会所在地，中世纪某些政治议会上所取的名字），最先建于萨利团时代（11 世纪），后经霍亨斯陶芬王朝翻新（1138—1268 年），是加洛林王朝传统的帝国城堡宫殿，后根据亨利二世（1015—1019 年）的意愿又新增了一批楼宇。王宫大部分的建设工作都是在亨利三世（1028—1056 年）时期完成的，大约是在 11 世纪中叶，同时也建造了公寓和学院教堂，后被巴巴罗萨（1122—1190 年）改建，增建了圣乌尔里希礼拜堂。

1158 年第一次问世的格尔恩豪森王宫的遗迹，是日耳曼最尊贵、最漂亮的建筑之一；此处曾经是很多德意志君主的住所，也是很多重要帝国会议的举办地，19 世纪得到修复。

117页图

圣戈德哈德教堂，1133—1172年，希尔德斯海姆，德国

教堂为希尔德斯海姆的萨克森教堂，延续和发展了奥托王朝传统建筑的一些元素和特点：屋顶式的长方形教堂，对立的唱诗台，交替的支撑结构（方柱—圆柱—圆柱—方柱）。光滑墙壁上装饰着一些薄薄的边榍。

下图

王宫外观，约1150年，戈斯拉尔，德国

戈斯拉尔王宫结构坚实，建筑物各部分彼此连接，形成一个紧凑的整体。这座所谓的王室府邸，始建于大约 11 世纪中叶，在 19 世纪下半叶被彻底进行了修复。

罗马式建筑中的砖瓦材料

12 世纪下半叶，厄尔巴岛和奥得河之间的土地上涌现了大量的罗马式建筑；大约在 1150 年前夕，神圣罗马帝国拓宽了北部边界的政治版图，使得基督教及其文化艺术也在更大疆域内广泛传播，这些地方，自古以来就鲜有石矿，因而当时的砖瓦建筑材料在宗教及非宗教建筑中的应用最为广泛。砖瓦材料的使用开启了中世纪的德意志建筑的崭新篇章。自远古时代终结以来，砖瓦材料施工的技术在德意志建筑中已不被采用，而从这一时期开始，砖瓦材料被广泛应用到之后的北方德意志哥特式建筑以及波罗的海沿岸城市建筑的建造中，成为德意志、斯堪的纳维亚和波罗的海汉萨同盟地区城市形象及其地标性建筑的主要特征之一。

左图

修道院教堂，1150—1190年，耶里肖，德国

耶里肖修道院的教堂是全砖瓦式大型教堂建筑中的首要典范：苦行主义的十字形大教堂，砖瓦鲜艳美丽的红色让教堂空间显得更加宽大，内部采用圆柱支撑，顶部覆盖平面的屋顶，抬高的唱诗台还有本笃会传统的三后殿。地下墓穴的扩展和唱诗台的加高看起来像是搭建了一个舞台，高架在教堂狭长的主体空间内。

上图

修道院教堂的外观，耶里肖，德国

斯堪的纳维亚地区

罗马式建筑的历史不仅仅局限于西欧境内的建筑宝库，还应该包括丹麦、挪威和瑞典境内北方罗马式的代表性的建筑作品。如果说在 11 世纪中期之前，丹麦还是使用木质建材建造房屋，那么从那时以后，丹麦建筑便开始使用石材和砖瓦材料了。尽管丹麦的罗马式建筑在经历了哥特式或之后其他风格的建筑改造后已经所剩无几，但仍然还是留给我们一些重要的典型建筑：卡伦堡教堂以及一些多层的圆形教堂，不仅作为宗教场所，也是防御工事所在。挪威皈依基督教的进程开始于 10 世纪末期，1000 年左右，随着国王奥拉夫二世（995—1030 年）政权的建立和王国的统一，这一进程基本完成；因而挪威境内现存的罗马式教堂建筑少之又少：源于英国建筑风格的斯塔万格大教堂（始建于 1130 年）和特隆赫姆大教堂，卑尔根教堂的遗迹——如今是方济各会教堂，以及众多建于 1100 年之后的石料小教堂，例如奥斯陆的加穆勒奥克斯教堂。还是在卑尔根，斯堪的纳维亚最有价值的非宗教建筑：哈康国王的宫殿，1261 年以哥特式的风格竣工。而瑞典的建筑则受到不同建筑风格的影响，从莱茵河岸帝国建筑（如隆德），到从西多会建筑引入的勃艮第建筑；两大修会（多明我会和方济各会）则从德意志带来了砖瓦的应用。

左图

教堂，约1100年，隆德，瑞典

瑞典南部石材类的地标性建筑开始于隆德大教堂。其精美丰富的建筑装饰，以及地下墓穴和耳堂的位置与施派尔大教堂类似，呈现出长方形拱顶大教堂的纵向结构，后在19世纪的修复中经历了重大的改造。

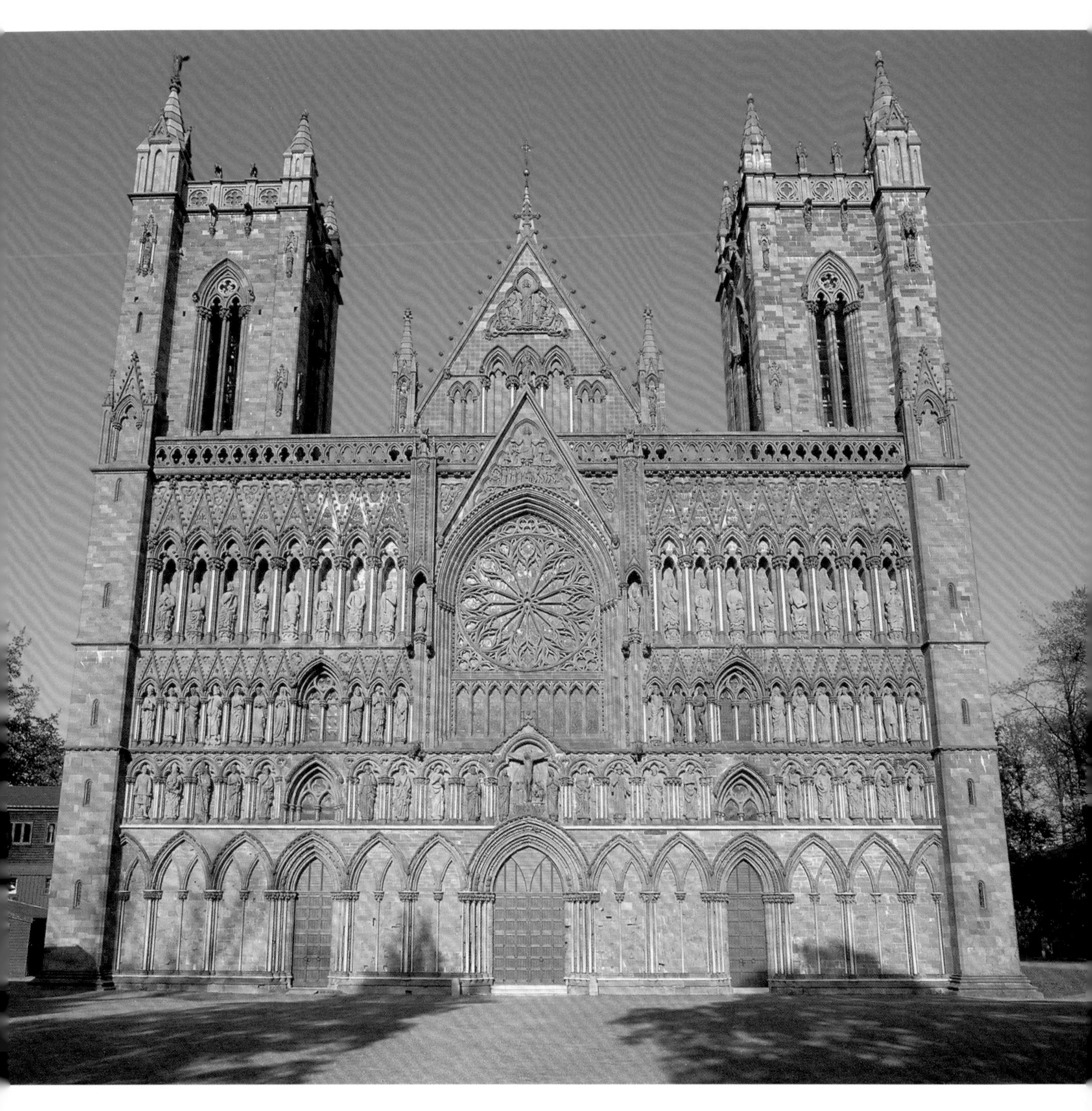

上图

尼达洛斯大教堂，始建于1070年，特隆赫姆，挪威

教堂全长102米，是斯堪的纳维亚最大的教堂，建筑主体呈八角形，内部为圣奥拉夫的墓穴。犹如大银幕一般的宏伟外观，多层叠加的拱形，两边的塔楼和中央的大型圆花饰，与英国大教堂的外观极为相似。

罗马式与哥特式之间

1144 年，圣德尼皇家修道院的苏格院长为修道院的唱诗台举行落成仪式。而这一天也作为哥特式艺术的开端被永久地载入艺术史册，标志着一种全新的艺术风格和全新的建筑模式从法国北部开始传播开来。哥特式建筑是建筑工匠们在技术和形式上不断反思和研究的成果，来源于希望教堂大殿越建越高的想法。这种对高度的偏爱，来源于罗马式建筑的一些重要流派，从克吕尼修道院教堂到奥托王朝的大教堂，促进了空间结构新模式的诞生。然而，尽管开始得非常早，法兰西新风格教堂的建造又是如此迅速，但是哥特式建筑在欧洲其他地区并没有得到应有的反响，而罗马式建筑后期的建筑风格却继续活跃在欧洲各地。不仅如此，即使是在法国境内，尤其是勃艮第和西南部地区，罗马式建筑与哥特式建筑相比，在数量上也是不相上下，其影响甚至持续了整个 12 世纪。直到 1200 年左右，罗马式建筑的发展态势才有所减缓，早期哥特式开始受到青睐：中殿基本实现交叉肋拱的系统化应用，代替了以往的筒形拱，最大程度拓宽了空间结构，解决了之前建筑中存在的狭窄性和垂直性的问题。韦兹莱玛德莲教堂的新唱诗台、第戎的圣母院、欧塞尔大教堂、索恩河畔沙隆大教堂、日内瓦的大教堂和洛桑大教堂，以及一些诺曼底教堂，这些教堂建筑的结构轻巧，采用特殊的镂空墙壁处理方式以及中殿窗户前的回廊结构，形成了极具特色的建筑风格。

下图

圣德尼修道院教堂的唱诗台及回廊，1144年，法国

随着这些建筑的出现，勃艮第建筑成为罗马式晚期守旧派和“皇家庄园”哥特式风貌连接的重要纽带。同样地，在德国和意大利，罗马式建筑晚期与法国哥特式建筑几乎同时在发展，各自划分流派并自成体系，形成各自的建筑特点。如果说德意志领土上的晚期罗马式建筑的特征是宏伟壮观，那么在意大利土地上的建筑就是保守含蓄的。从1150年到13世纪末，伴随着西班牙对阿拉伯人向南部地区的驱逐，基督教会也开始大兴土木：萨拉曼卡老教堂、萨莫拉大教堂和托罗大教堂因其坚实的肋形拱顶、圆顶塔楼、灯笼式天窗（成批地高挂在交叉甬道上，造型奇特而富有想象力）而闻名于世。

125页图

费康修道院教堂，始于1168年，法国

12世纪后30年始建和重建的诺曼底教堂，沿用了修建讲道坛的建筑方案，与法国北部教堂同时期所采用的方案一致，但同时不放弃使用“厚壁”的建造方法，因而整体的结构系统非常厚重坚实。

费康修道院教堂就是典型的诺曼底建筑，因为教堂内部修建了楼座，又在大窗户前放置了讲道坛，教堂中殿的内壁被划分为三层。

左图

海斯特巴赫（西多会）修道院，1202—1237年，波恩，德国

海斯特巴赫修道院原本是一座结构复杂精巧的建筑，如今已经有相当一部分接近废墟，但它丰富的装饰仍然是莱茵地区罗马式建筑晚期艺术的巅峰之作。

在教堂唯一幸存的部分中，可以清楚地看到一些来自勃艮第地区后经过当地改良的建造方案：半圆形后殿内部是一个回廊和九个小礼拜室，还有加工精良的双层圆柱。拱顶被分成肋拱状的圆屋顶帽盖，这种拱顶元素的使用要早于哥特式建筑中星形拱顶和英国早期哥特式教堂中的掌形拱顶。

西多会修道院建筑的创新

随着修道院通过了以回归质朴本源为宗旨的新规，基亚拉瓦莱的伯尔纳铎兴建的建筑也都能够反映修道院的严肃清明的风气。最开始的建筑方案具有一定的宗教色彩，旨在刻意反对前期宗教建筑千篇一律的规模和装饰，例如克吕尼修道院和圣德尼修道院的建筑群；而实际上在修道院良好的资产经济状况的支持下，各地的西多会建筑在朴实无华和更具功能性的同时也仍然是雄伟壮观的。西多会很早就采用了尖拱顶的结构：这种结构不像哥特式教堂建筑中典型的结构那样，能够严格清楚地划分空间，因而 12 世纪的西多会建筑被定义为“简版哥特式”，具体表现在功能技术和新的空间定义方面，采用来自其他非修道院建筑的装饰结构。交叉尖拱顶的第一次实践可能就是在牧师会大厅的建造中，从此以后，这种新式拱顶结构也被应用到教堂的礼拜堂、耳堂、小型殿堂，直至中殿大空间的建造之中。随着西多会修道院建

左图

西多会修道院回廊和钟塔的外观，1135—1150年，基亚拉瓦莱，米兰，意大利

西多会作为极其严苛的宗教伦理的载体，大规模进行修道院的建造，其特点除了使用当地建材外，还包括创新和极具辨识度的建筑理念。意大利北部最著名的西多会教堂就是米兰的基亚拉瓦莱教堂，彩色陶土的材料赋予建筑物充满活力的鲜红色。

宏伟的八角塔楼，可以追溯到 14 世纪，它的建造证明之前的一些规则限制已经有所放松（始于圣伯尔纳铎过世后），也是建筑物整体最高处最显眼的标志。

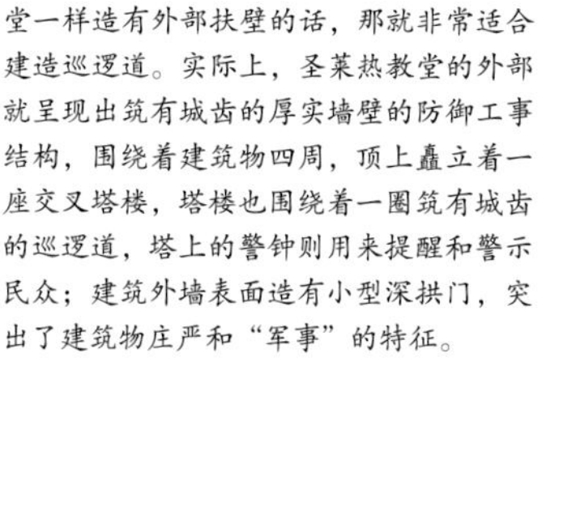

左图

圣莱热教堂，13世纪，鲁瓦亚，法国

单殿教堂，如果像鲁瓦亚的圣莱热教堂一样造有外部扶壁的话，那就非常适合建造巡逻道。实际上，圣莱热教堂的外部就呈现出筑有城齿的厚实墙壁的防御工事结构，围绕着建筑物四周，顶上矗立着一座交叉塔楼，塔楼也围绕着一圈筑有城齿的巡逻道，塔上的警钟则用来提醒和警示民众；建筑外墙表面造有小型深拱门，突出了建筑物庄严和“军事”的特征。

筑的蓬勃发展，陈设品或祭祀用品也出现了一系列严格的限制：不能出现金质十字，只能使用木质的；只能出现一只大烛台，并且是铁质的；礼拜仪式的工具除了圣餐的高脚杯，其他只能是铜质的或者铁质的，而圣餐的高脚杯也不可以使用金质的，而只能是镶金的银质高脚杯；修士的衣袍、服饰和祭服只能是羊毛、亚麻或大麻的，圣坛的台布也是如此，切不可使用加工过的或带有金银刺绣的面料。1150 年，西多会总教会“严禁在修道院教堂或建筑的任何一个地方放置雕塑和绘画作品，因为当人们观看它们的时候，经常会忽视祈祷的作用和宗教严明的纪律”。多年以后，石料钟楼也被禁止建造：只需要小型的木质钟楼，最多放入两口大钟。直到完成蓬蒂尼教堂（1185 年）新式后殿的建造之后，西多会修道院的建筑师们才放弃了对本源质朴的追求，向大教堂奢华的风格靠拢。由此才可以说西多会修道院建筑正式走上了哥特式的道路，尽管形式和种类上还有些差异：实际是放弃了复杂的种类，至少在最开始的时候，放弃了交叉塔楼，放弃了和谐统一的外立面和规定禁止修建的钟楼。西多会的扩张和发展是极其迅速的；12 世纪中叶以后，西多会“简化”的哥特式风格也随之流传到较远的地区，包括法兰西中部、西班牙、意大利、英国、日耳曼帝国，以及波兰和匈牙利，在这些地方完全没有新式哥特式建筑的身影。

筑有防御工事的教堂

教堂通常是乡镇市郊各种木质房屋间唯一全部筑墙的建筑，不仅是宗教生活的重心，也集各类功能于一身：因其与集市广场相连接，也可以承接世俗谈判与会面。教堂外墙之上常常标有重量和规矩的标准，钟楼是市民塔楼建筑，教堂本身有时候会筑有防御工事，成为信徒们抵抗外界侵袭时的避难所。这也就解释了为什么罗马式教堂的结构总是会建起厚重和坚实的墙壁，并且总是被墓地的城墙所围绕。从 12 世纪开始，一些教堂由于增加了诸如巡逻道、斜坡基地（中世纪防御工事中倾斜的表面）、射击孔墙壁（巡逻道的地板门）和射击缝（城墙上开辟的缝隙，可以使用轻便火器通过缝隙进行射击）的防御工事，开始具备真正堡垒的外形，而塔楼则被用作哨塔或火灾警卫站，真正成为堡垒的主塔。为了保存在不易到达的塔楼高处的奇珍异宝，以及在宗教战争中保护当地人民，宗教建筑的防御工事建设在法国相当盛行；在英法百年战争（1337—1453 年）中，数以千计的教堂都增设了防御工事，竖起了高墙和屋顶，在大殿和唱诗台的上面兴建了避难室。有时候，教堂还会与更加庞大的防御工事系统相结合，其建设的目标就是实现完美的防御和保护，例如阿维拉教堂。

129页图

圣母教堂，1170—1190年，卡伦堡，丹麦

丹麦西兰岛卡伦堡的圣母大教堂有着防御工事型建筑中相当独特的风貌。教堂主体全身都由红色砖块砌成，平面图呈中央对称十字形。它和五座塔楼一起骄傲地耸立在丹麦大地上，是国家当时基督教化的象征。

在后殿多边形的每一个部分，都矗立着一座巨塔；视觉的中央焦点则是一座更高的方塔。

下图

圣殿骑士教堂（查罗拉），12世纪下半叶，托马尔，葡萄牙

德国的罗马式后期建筑

罗马式建筑在德意志领土上的发展是一种文化进程的自然进化，展现了日耳曼世界本身的特点和方式，是由各个独立自由的流派形成的整体趋势。同时它也是与法国哥特式阶段同时期的建筑产物，尽管两个国家之间交流十分便捷，但法国哥特式建筑并没有对德国宗教建筑产生决定性的影响。罗马式后期建筑在莱茵河地区蓬勃发展的时间与施瓦本王朝统治时期相吻合，表达了相同的现实主义观点以及对于世界和世俗生活的依恋，生动体现在骑士史诗和对恋歌爱情咏叹调的生动描述以及费德里科·巴巴罗萨热情奔放的性格中。莱茵河上游区域的建筑还一度追随帝国大教堂的风格；沃尔姆斯大教堂和美因茨大教堂沿用着原来的外观，而施派尔大教堂在塔楼的建造过程中则做了一些修改，吸收了罗马式后期的圆顶元素。莱茵河地区的罗马式后期建筑明显表现出一种雄伟壮观和正式严谨的风格，特别是在当地砂岩材料的使用上面，增添了一抹亮丽的红色。外观结构则沿用并发展了日耳曼王室建筑的传统，将建筑物建造成能够控制周围空间的坚实的筑墙整体，通过方形石块重组叠加的方式建造成教堂的大殿和塔楼。13 世纪 30 年代，德国罗马式建筑的发展陷入低迷；传统类型的建筑引入了哥特式的建筑形态，而不是整个地使用原始哥特式正式的“静态的”建筑系统。

131页图

圣使徒教堂的内部，1190—1219 年，科隆，德国

科隆的圣使徒教堂建立在离主要集市广场较近的方位，采用罗马式建筑中的多种建筑元素，效仿诺曼底式带楼座的教堂的建筑方案。

左图

科隆圣使徒教堂的外观，德国

杰出作品

沃尔姆斯大教堂

沃尔姆斯大教堂是莱茵河地区建成时间最晚的大教堂，前身是一所奥托王朝时期的教堂，大约在1171—1210年重建，所采用的建筑方案与施派尔大教堂相同，但时间上却隔了一个世纪的距离，沿用了东西两座对立唱诗台的德意志式大教堂结构，这种东西两个对立唱诗台的结构起源于加洛林王朝。建成时间延续了两个世纪，建筑展现了建筑设计构思的原创性，尽管按照传统建有两个相对的半圆形后殿，整体构成仍然显得灵活而多样：东边是单独的一个耳堂；两个完全不同的唱诗台。教堂外部的建造则尽可能地展现其最大表现力，着重突出教堂两端的造型效果：一方面是雄伟坚实的教堂东面，设置在尽头与耳堂分离的立方体结构，夹在两座圆柱体塔楼之间，另一方面是西面的多边形主体，罗马式后期的典型构造，用来代替多角形轮廓的半圆形后殿，采用哥特式的采光方法，实现教堂极具象征性的价值。尽管教堂还是沿用了多柱式结构（由多个圆柱或半圆柱组合而成）以及奥托王朝时期罗马式建筑特征（尺寸宏大的方柱），但从教堂纵向剖面图上看，十字交叉拱顶（被外部屋顶斜面所覆盖）的建筑主体可以追溯到12—13世纪哥特式风格的过渡时期。

沃尔姆斯大教堂的外观（下图）和西面唱诗台外观（133页图），德国

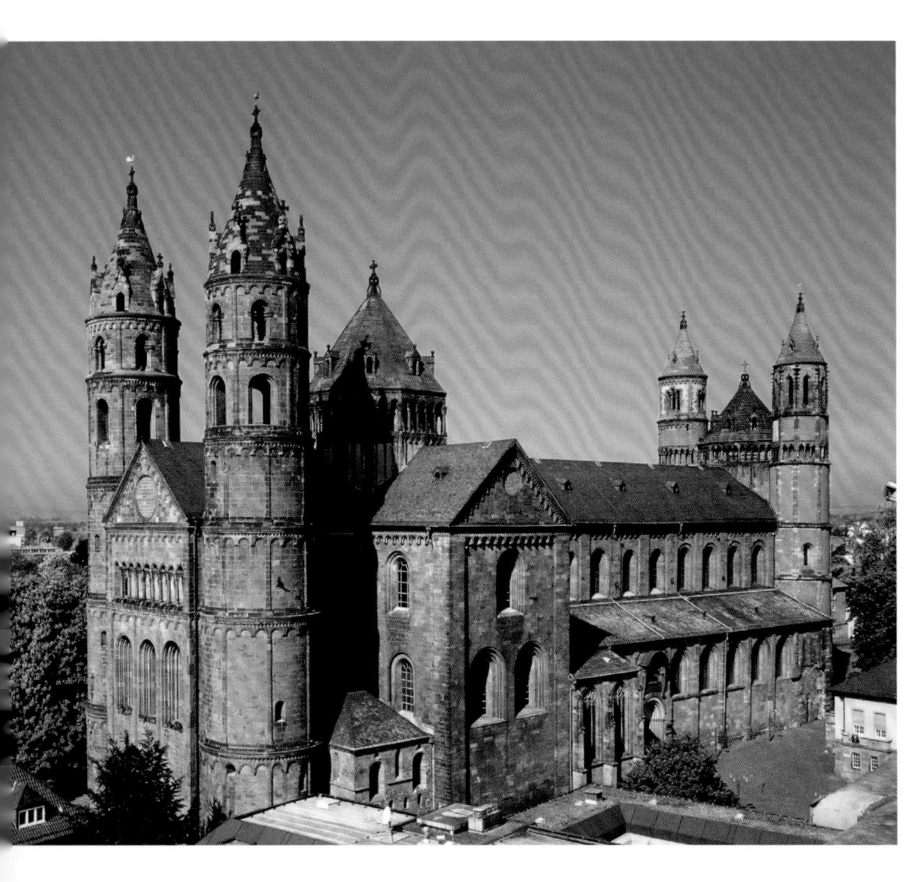

杰出作品

美因茨大教堂

1110—1137年，美因茨大教堂重建了大殿主体和东部唱诗台，从此进入了德国罗马式建筑风格的成熟时期，其特征是对教堂外部正面组成的重点设计，教堂最终竣工于较晚时期（1181年之后）。尽管之后新造了例如塔端这样的不和谐的建筑结构，但是教堂雄伟的东面形态还是体现出质量较高的造型价值，尤其是红色石材的使用：高大平整的墙面夹在两座奥托王朝圆柱形塔楼之间，与镂空设计的中央后殿形成对比，显得庄严而肃穆。美因茨大教堂几百年来一直是罗马式、哥特式和文艺复兴雕塑的珍贵宝库。极具特色的是紧挨着教堂中殿内部方柱的主教坟墓。

135页图

美因茨大教堂外部，1181年后竣工，德国

美因茨大教堂是天主教权力与政治权力的双重象征，与沃尔姆斯和施派尔大教堂一起，成为莱茵河畔罗马式建筑最高水准的代表。

左图

美因茨大教堂内部，德国

挪威木条教堂

木条教堂（得名于 stav 一词，意思是支撑大殿中央和屋顶的木柱结构）是挪威建筑对罗马式建筑艺术最大的贡献，现存的木条教堂都在欧洲北部。在 11—12 世纪建造的数百座不同的木条教堂，如今现存的只有 25 座。

木条教堂各个部分和建筑主体的组合方式独树一帜，但其大殿的建造系统、支撑在圆柱上的拱门、木质筒形结构、楼层分隔和与塔楼高度一样的建造都源自于西欧南部的教堂建筑。

教堂内壁由尖角柱之间垂直放置的木条构成，木条一直到达屋顶桁架的位置。建筑外面围绕着一系列拱形结构；屋顶一个接着一个被放置在不同的高度位置。最重要的木条教堂有乌尔内斯木条教堂（约 1060/1130—1150 年）、洛姆教堂（建于 11 世纪，1630 年改建）和博尔贡教堂（1150 年左右）。

137页图

挪威木条教堂，1242年，海达尔，挪威

海达尔木条教堂，建于 1242 年，是挪威现存最大的教堂。教堂建有三个钟楼，教堂顶部由 64 个不同部分组成，并被划分为很多层，被认为是真正的“木质教堂”。

下图

木条教堂外部及教堂剖面图，约1150年，博尔贡，挪威

博尔贡木条教堂是唯一一座从中世纪保存至今从未经历任何改造的教堂。教堂供奉着安德烈使徒，栏杆上装饰有十字形符号，内部装饰简约，只有少数位于墙壁高处的小窗口允许光线照入。屋顶的内部结构由梁和主椽（垂直或倾斜支撑元素，将推力传达到地面）系统构成，梁和主椽极其纤细，在阴影中几乎不可见，让教堂内部看起来更加狭长。外部，在大门和三角门楣的位置，装饰镶嵌了丰富的动物、葡萄枝叶、龙头形状和北欧字母碑文的木质雕塑，这些也都是罗马式建筑中的典型元素。倾斜的屋顶，分成六层的不同高度，覆盖着细小的松树茎轴。

意大利

欧洲某些地区的建筑并不像莱茵河地区或是勃艮第地区那样有活力，罗马式后期的建筑发展也基本上处于保守的状态。在意大利，尤其是中部和南部地区，这种趋势尤其明显，表现在13世纪大教堂普遍采用的平面屋顶结构。在这些地区，拱顶教堂结构的存在几乎不被人所知，仅存的一些拱顶教堂建筑也都是出自西多会建筑工匠之手，完全排除在当地传统建筑之外。大部分平面屋顶的大教堂虽然沿用了罗马式成熟时期的风格，但是后期还是有自己的特点。罗马式后期建筑在装饰细节上得到了丰富，从框架和肋拱的装饰线条到优雅的立方体柱顶饰，也正是由于教堂建筑中出现的这些装饰细节，才得以确定建筑的建造年代。然而在12世纪晚期，拱顶结构在意大利北方的建筑中得到推广和普及，而从13世纪开始，建筑中又出现了来自于法国北部的一些建筑形式，例如尖拱和六分拱的结构，但也都未能像阿尔卑斯山山脉另一侧的地区那样，能够广泛和活跃地使用这些建筑元素。建筑物的异质性现象其实是多层社会结构和各类建筑委托者共同作用的结果，从市政机构到宗教团体，从教皇到帝国。然而，在这些保守的建筑之外，也出现了一些原创性的建筑作品，也因此，意大利，尤其是北部地区，在欧洲罗马式后期建筑艺术的发展中起到了主导性的作用：如皮埃蒙特大区独特的厅式教堂，位于韦尔切利的圣伯尔纳铎教堂和圣马可教堂，或者普利亚大区位于莫尔费塔的大教堂，该类教堂建筑将厅式大教堂的结构与圆顶式教堂结合在一起，形成了中世纪建筑中独树一帜的教堂结构。

139页图

教堂内部，大约1122—1150年，皮亚琴察，意大利

作为欧洲与地中海之间的商业纽带，皮亚琴察大教堂于1117年地震之后的重建反映了其经济的繁荣，同时也宣告皮亚琴察城市作为独立城邦的城市自由。中殿和唱诗台采用起源于法国的六分段拱顶覆盖，这是意大利建筑风格的一次新的尝试：支柱和拱门的高度形成了厅式结构的内部空间。

支柱上的装饰浮雕显示出建造它们的工匠队伍的精湛技艺；它们不仅展现高超的建筑工艺水平和新兴市民资产阶级的地位，同时也体现了正在进行的社会转型对艺术领域产生的影响。

左图

圣埃瓦西奥教堂前厅，约1107年，卡萨莱蒙费拉托，亚历山德里亚，意大利

这座位于卡萨莱蒙费拉托的教堂有着宽敞的前厅，从教堂正面向着教堂主体的方向延伸，整体结构如同一座巨大的长方形大厅，高大而宽敞，顶部覆盖着一整块拱顶，三面环绕着小型的房间。拱顶采用的是在伦巴第地区罗马式后期建筑中完全独特与创新的结构：平行排列的扁平型肋拱组互相垂直交叉呈半圆形拱顶，其上建有由各类拱顶连接而成的薄壁，类似于古代伊斯兰式建筑的星形拱顶。一个高大而宽敞的空间，周围围绕着一些更小的空间，这样的结构实际上是对古老的“西面结构”的一种创新。

贝内德托・安特拉米

1178 年，贝内德托・安特拉米（约 1150—1230 年）着手修建了藏有名画《耶稣下十字架》的布道坛。根据帕尔马地区始于 1178 年的史料记载，贝内德托・安特拉米不仅仅是意大利罗马式雕塑最具创新性的关键人物之一，同时也是最具有原创精神的建筑师。关于他的生平记载得不多；原籍可能是伦巴第大区的因泰维山谷地区（根据他的姓氏推断，因为那里的历史上出现过安特拉米姓氏的一些教师）。贝内德托・安特拉米对古希腊、古罗马建筑和古代绘画都十分了解，早年曾在法国学习，紧跟当地最新的艺术发展趋势。据说，他曾经作为学徒参与了阿尔勒的圣特罗菲姆教堂的雕塑装饰。一些艺术史学者猜测他还曾经去过法兰西岛，并且在那里接触到了哥特式艺术的新思想；大约在 1180—1190 年，在工作坊的帮助下，他完成了菲登扎大教堂正面的雕塑装饰，将两座先知的圆雕雕像放置在中央大门旁边的壁龛中：这是一种纪念性雕塑的复兴，在古典时代后期之前都没有先例，其原型可能是同时期的法国雕塑，艺术家从中汲取灵感，创造了具有纪念性和真实性的作品。位于帕尔马的洗礼堂建筑，其建筑装饰始建于 1196 年，大门上镌刻着"1196 年"的牌匾也证明了帕尔马洗礼堂装饰的开始时间，也表明该洗礼堂建筑是建筑师的杰出作品。

141页图

贝内德托・安特拉米，圣安德烈教堂正面，1219—1227年，韦尔切利，意大利

圣安德烈教堂的正面很好地融合了罗马式传统建筑中伦巴第－艾米利亚大区的建筑元素，如人字形屋顶、半圆拱式的大门、层拱飞檐、侧塔开窗和双层凉廊，以及欧洲哥特式建筑的新风格（普罗旺斯和诺曼底元素，例如大门斜面、侧塔及其塔尖和钩状柱顶）；大圆窗花放置在对角线交叉的位置，按照合理的比例划分了教堂正面的区域。建材的彩色属性和效果非常突出：石灰的白色、砖瓦的红色以及石头的绿色。

左图

贝内德托・安特拉米，洗礼堂，始建于1196年，帕尔马，意大利

帕尔马的洗礼堂建筑融合了建筑艺术与雕塑艺术；其建筑设计师贝内德托・安特拉米的签名也被镌刻在教堂的一个大门之上，宣告着工程开始的时间——1196 年。八边形的建筑主体，沿用了早期基督教礼拜堂的平面图，采用诺曼底式镂空内壁（由位于窗户前的内部拱廊构成），外部为六层叠加的拱廊结构。建筑中最著名的装饰性雕塑也出自安特拉米之手。建筑底部盲拱的宏伟设计和四重凉廊中不断重复的框缘结构，都带有浓郁的古典建筑意味。

图片版权

Akg-images, Berlino: pp. 72 in alto, 73, 130; 4, 16, 20, 24, 27 a destra, 32, 39, 40-41, 42 a destra, 53, 57, 69, 74, 76, 79, 80, 85, 104, 108, 117, 118, 120, 123, 124, 125, 129, 132 (Bildarchiv Monheim); 13, 31, 43 in alto, 114, 128 (Bildarchiv Steffens); 15, 17, 22, 25, 30, 81 (Hervé Champollion); 27 a sinistra, 51, 84, 115, 133, 135 (Stefan Drechsel); 36 (Hedda Eid); 29 in alto, 43 in basso (Paul Maeyaert); 105 (James Morris); 63 (Jean-Louis Nou); 99 (Rabatti-Domingie); 116 (Sachabach); 19, 35, 38, 46, 47, 119 (Schutze/Rodemann); 136 (Werner Forman)

Archivi Alinari, Firenze: p. 29 in basso

Archivio Capitolare di Modena: p. 9

Archivio Mondadori Electa, Milano: pp. 6, 11, 21, 23, 28 33 in alto, 37, 40, 42 a sinistra, 43 a sinistra, 44, 45, 48, 49, 50, 59, 62, 65 in basso, 66 in alto, 68, 72 in basso, 75, 77, 87, 89, 92, 93, 94, 98, 100, 101, 126, 127, 131, 139; 88 (Marta Carenzi); 33 in basso (Luca Carrà); 61, 86, 138 (Fabrizio Carraro); 66 in basso (Paolo Perina); 54, 112, 113 (Marco Ravenna); 8, 102, 106 (Arnaldo Vescovo)

Cameraphoto Arte, Venezia: p. 97

© Corbis, Milano: pp. 14 (Paul Almasy); 65 in alto (Atlantide Phototravel); 121 (Edwin Baker/Corday Photo Library); 78 (Michael Busselle); 83 (Franz-Marc Frei); 137 (Wolfang Maier/Zafa); 70-71 (The Art Archive); 134 (Vanni Archive)

© Granataimages/Alamy: p. 55 (Terry Donnelly)

John Rylands Library, Manchester: p. 10

© Lessing/Contrasto, Milano: pp. 56, 109

Luca Mozzati, Milano: pp. 26, 82, 90, 110, 140

Marco Ravenna, Bologna: p. 7

© Scala Group, Firenze: pp. 60, 67, 91, 95, 103, 107, 141

Simephoto, Milano: p. 111

The Art Archive, Londra: p. 18

Rielaborazioni grafiche a cura di Marco Zanella.

L'editore è a disposizione degli aventi diritto per eventuali fonti iconografiche non identificate.